大数据专业新工科人才培养系列规划教材

Python 基础与大数据应用实战

上海德拓信息技术股份有限公司　编著

西安电子科技大学出版社

内容简介

本书分为基础篇和实战篇。

基础篇以编程语言的共性为基础，介绍 Python 编程语言的同时，系统讲解了编程语言的基础和共性，旨在使学生知其然，知其所以然，通过学习 Python 语言，掌握编程语言的规律和框架，真正提高编程能力。

实战篇结合当前大数据发展趋势，根据实际大数据处理项目中的基础模块，介绍了用 Python 编程语言开发数据处理项目的方法，在掌握 Python 语言基础的同时，体验行业项目开发，系统提高编程实战能力。

本书可作为高等学校应用型本科大数据、云计算、人工智能等相关专业的教材，也可作为高职高专大数据、云计算、人工智能等相关专业的教材，还可供希望深入了解 Python 大数据应用的开发人员学习使用。

图书在版编目(CIP)数据

Python 基础与大数据应用实战 / 上海德拓信息技术股份有限公司编著. —西安：西安电子科技大学出版社，2019.8

ISBN 978-7-5606-5391-4

Ⅰ. ① P… Ⅱ. ① 上… Ⅲ. ① 软件工具—程序设计 Ⅳ. ① TP311.561

中国版本图书馆 CIP 数据核字(2019)第 143253 号

策划编辑 戚文艳

责任编辑 戚文艳

出版发行 西安电子科技大学出版社(西安市太白南路 2 号)

电　　话 (029)88242885 88201467　　邮　　编 710071

网　　址 www.xduph.com　　电子邮箱 xdupfxb001@163.com

经　　销 新华书店

印刷单位 咸阳华盛印务有限责任公司

版　　次 2019 年 8 月第 1 版 2019 年 8 月第 1 次印刷

开　　本 787 毫米×1092 毫米 1/16 印张 10.5

字　　数 216 千字

印　　数 1～3000 册

定　　价 25.00 元

ISBN 978-7-5606-5391-4 / TP

XDUP 5693001-1

序

人类文明的进步总是以科技的突破性成就为标志。19 世纪，蒸汽机引领世界；20 世纪，石油和电力扮演主角；21 世纪，人类进入了大数据时代，数据已然成为当今世界的基础性战略资源。

随着移动网络、云计算、物联网等新兴技术迅猛发展，全球数据呈爆炸式增长，影响深远的大数据时代已经开启大幕，正在不知不觉改变着人们的生活和思维方式。从某种意义上说，谁能下好大数据这盘棋，谁就能在未来的竞争中占据优势掌握主动。大数据竞争的核心是高素质大数据人才的竞争，大数据所具有的规模性、多样性、流动性和价值高等特征，决定了大数据人才必须是复合型人才，需要具备超强的综合能力。

国务院 2015 年 8 月曾印发《关于印发促进大数据发展行动纲要的通知》，明确鼓励高校设立数据科学和数据工程相关专业，重点培养专业化数据工程师等大数据专业人才。2016 年，教育部先后设置“数据科学与大数据技术”本科专业和“大数据技术与应用”高职专业。近年来，许多高校纷纷设立了大数据专业，但其课程设置尚不完善，授课教材的选择也捉襟见肘。

由上海德拓信息技术股份有限公司联合多所高校共同开发的这套大数据系列教材，包含《大数据导论》、《Python 基础与大数据应用实战》、《大数据采集技术与应用》、《大数据存储技术与应用》、《大数据计算分析技术与应用》及《大数据项目实战》等 6 本教材，每本教材都配套有电子教案、教学 PPT、实验指导书、教学视频、试题库等丰富的教学资源。每本教材既相互独立又与其他教材互相呼应，根据真实大数据应用项目开发的“采、存、析、视”等几个关键环节，对应相应的教材。教材重点讲授该环节所需专业知识和专业技能，同时通过真实项目(该环节的实战)培养读者利用大数据方法解决具体行业应用问题的能力。

本套丛书由浅入深地讲授了大数据专业理论、专业技能，既包含大数据专业基础课程，也包含骨干核心课程和综合应用课程，是一套体系完整、理实结合、案例真实的大数据专业教材，非常适合作为应用型本科和高职高专学校大数据专业的教材。

谢赟

上海德拓信息技术有限公司　董事长

《Python 基础与大数据应用实战》编委会

主　编　于　澄

副主编　陈潇潇　王景凯　郝选文

编　委　兰晓红　刘　慧　段　超　王　锐

陈　新　张　峰　胡云冰　邓剑勋

张浩森　童　亮　赵瑞华　李晓蕾

前　　言

当前，计算机技术发展日新月异，是云计算普及、海量数据积累并逐步应用的时代。在大数据应用的背景下，以人工智能为主体的自动驾驶、语言和图片识别、数据挖掘等技术正在飞速发展，其中大数据应用开发的主要编程语言就是Python。

无论是进行大数据应用，还是人工智能各类技术的开发，Python 都是当前这一新兴领域的主流语言，可以预言，掌握 Python 编程语言，就掌握了未来编程技术的关键。

Python 作为近年来发展最快的语言之一，具有简单易学、实用性强等特点，其简练的语法可以让初学者快速上手，开发出所需的各类项目。同时 Python 具有丰富的第三方类库，因此也被称为“胶水”语言，其可以吸取各家语言所长，把各类语言所擅长的领域和项目“黏合”在一起，实现市面上绝大多数的语言可以完成的项目。例如 Python 可以完美实现网站 Web 服务器开发和移动应用软件开发，极大简化了开发流程。

虽然 Python 语言比较简单，但功能强大。就软件开发能力而言，无论学习何种语言，其本身只是一个用于开发软件的“工具”，而不同工具各有所长，但又大同小异。究其原因，编程语言只是开发的基本功之一，想要具备好的开发能力，首先需要掌握扎实的计算机基础知识，同时有项目或实际应用的驱动，才能逐步提升。要想提高编程能力，重要的是透过各类编程语言表象，去理解编程语言操作计算机运作的机制，掌握编程语言操作计算机进行数据存储和计算的过程与原理，这才是能力提升的关键。

本书根据编者多年编程项目开发经验归纳编写而成，适合大数据和人工智能相关专业的在校生和计算机专业初学者学习。建议读者在学习本书的同时，系统学习“计算机组成原理”“算法与数据结构”“计算机网络”和“操作系统”等课程。

在此特别感谢重庆师范大学兰晓红老师、重庆瑞萃得科技发展公司刘慧老师在本书编写过程中所给予的建议和支持。为了更好地服务读者，编者后续会将本书的更新、勘误和配套资料统一上传至编者的技术博客(https://disanda.github.io)。

由于编者水平有限，加上时间仓促，书中难免会出现错误或表述不准确的地方，恳请读者批评指正。若有好的建议，也欢迎通过邮件(邮箱为 skyanda1@qq.com)进行反馈。

本书“教材配套资源中心”的二维码见封底。

编　者

2019 年 3 月

目　录

基础篇

实 战 篇

基 础 篇

第 1 章

Python 平台

◆ 学习目标

了解 Python 语言和版本特性
了解 Python 各类 IDE
掌握 Python 命令行操作
理解 Python 编程格式
理解 Python 脚本及模块相关文件

◆ 本章重点

Python 版本
Python 命令行操作
Python 编程格式

本章首先介绍了 Python 的特征和发展趋势，然后介绍了其开发环境和开发工具，最后介绍了 Python 的编程格式和相关文件，使读者能够充分了解 Python 相关背景知识和使用技能。

1.1 Python 简介

Python 是一门编程语言，其设计哲学是“优雅”“明确”“简单”。

用 Python 设计程序能够让开发人员快速完成任务并提高当下软件系统的整合效率。在当今互联网高速发展、服务器和云环境广泛部署的环境下，作为大数据、人工智能应用开发的主流语言，Python 的应用正在迅速普及。

Python 也是一种面向对象的解释型计算机程序设计语言，由荷兰人 Guido van

Rossum 于 1989 年发明，第一个公开发行版发行于 1991 年。Python 是纯粹的自由软件，源代码和解释器 CPython 遵循 GPL(GNU General Public License)许可。即 Python 是跨平台的开源软件，具有很好的移植性。

1.1.1　Python 特征

Python 语言具有以下显著特征：

(1) 语法简洁清晰。

语法相对当前常用的 C/C＋＋、Java 等更加简练直接，同样编程逻辑所使用的代码更少更直接，单纯学习 Python 语言的成本和难度要小很多。

Python 语言特征之一是强制用空白符(White Space)作为语句缩进。如代码 1.1 所示，其循环输出数字 0～9：

代码 1.1

```
for i in range(10):
    print(i) #通过缩进，代表该行语句属于上一级循环
# 输出 0 到 9
```

(2) Python 语言具有丰富和强大的库，也常被称为胶水语言。

通过第三方开发的开源库，Python 使用者可以快速开发或部署各类应用，如 Web 服务器(Django)、Web 爬虫(Scrapy)等。

Python 能够将用其他语言制作的各种模块(尤其是 C/C＋＋)很轻松地联结在一起。常见的一种应用情形是，使用 Python 快速生成程序的原型(有时甚至是程序的最终界面)，然后对其中有特别要求的部分，用更合适的语言改写。比如 3D 游戏中的图形渲染模块，性能要求特别高，就可以用 C/C＋＋重写，而后封装为 Python 可以调用的扩展类库。

(3) Python 是一种跨平台语言，在不同操作系统中能够开发应用程序并使用。

1.1.2　Python 发展趋势

当前，业内非常看好 Python 的前景。可以预见，未来 10 年将是大数据、人工智能爆发的时代，会有大量的数据需要处理，而 Python 对数据的处理有着得天独厚的优势。

目前，越来越多的科技公司进入人工智能领域，而且都各自推出自己的深度学习开源平台，从 Google 的 TensorFlow，到 Facebook 的 Torch、Caffe，还有 Theano、Torch 和 MXnet，这些人工智能应用都可以使用 Python 实现。科技公司包括微软、亚马逊和 IBM，国内的百度、腾讯、阿里巴巴和小米等都在不断地推出自己的人工智能项目，不论是开源的平台还是产品，无疑都是为了在这次科技浪潮中占有一席之地。可以说，掌握了 Python，就是拿到了通往人工智能领域的一把钥匙。

当然，Python 语言的应用领域不仅仅是人工智能、机器学习，Python 更像是集合多种功能于一身的瑞士军刀式语言，其可以用于进行运维开发、自动测

试、Web 开发、数据分析和机器学习等，这些都是未来非常有前景的应用方向。2017 年 7 月 20 日 IEEE Spectrum 杂志发布的报告显示，在 2017 年编程语言排行中 Python 高居首位，如图 1.1 所示。

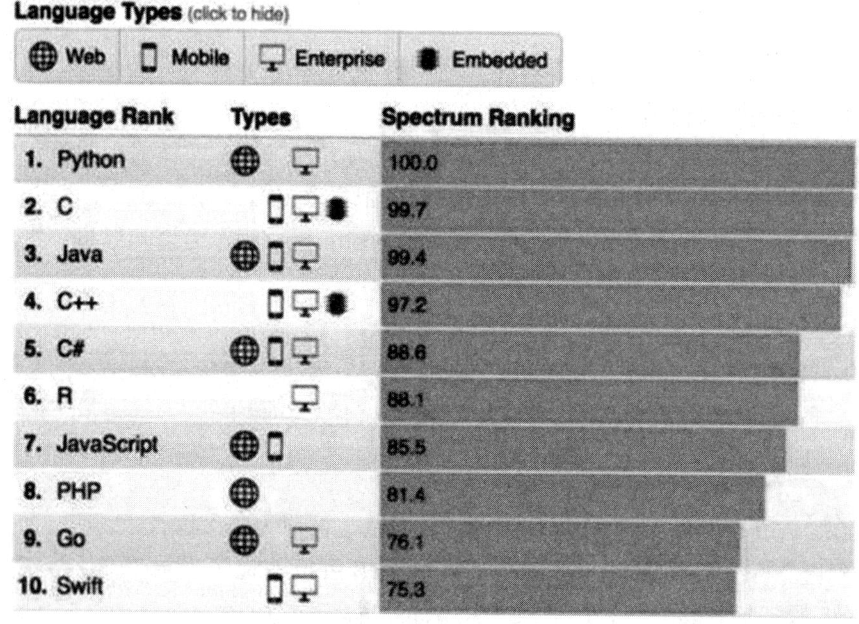

图 1.1　2017 年 IEEE 发布的编程语言排行

1.2　Python 环境与开发工具

任何语言都有开发环境，操作系统需要具备编程语言的开发环境才能运行该语言程序，同时为了方便开发，也有一些集成的开发工具，将开发过程中常用的功能集成到一起，方便编码后的调试运行工作。

1.2.1　Python 2.x 与 Python 3.x

Python 主要的版本可分为两大类：Python 2.x 和 Python 3.x，简称 Python 2 和 Python 3。

在过去很长一段时间内，Python 2 是 Python 主要使用的版本，现在很多类库都依赖于 Python 2，其中 Python 2.7 是 Python 2 的最后一个版本，也是现在官方推荐的 Python 2 版本。

Python 3 则是当前流行的 Python 版本，2018 年 3 月，Python 作者在邮件列表上宣布 Python 2.7 将于 2020 年 1 月 1 日终止支持。用户如果想要在这个日期之后继续得到与 Python 2.7 有关的支持，则需要付费给第三方的商业供应商。

Python 3 较 Python 2 作出了重大的变化和改进，其中比较重要的一点是，Python 3 放弃了对 Python 2 所有版本的兼容，即原来在 Python 2 环境中的可运行的部分代码语法在 Python 3 中无法使用，导致目前很多实际应用中都不支持 Python 3，需要编者对应更新所依赖的模块和语法格式。

软件的更新和发展是不可避免的，可以预见 Python 3 在未来几年时间内会逐步替代 Python 2，而且绝大多数 Python 2 通过小部分改写可以很快迁移到 Python 3 环境中。

1.2.2 Python 安装

1. Python 安装简介

安装 Python 环境非常简单，只需要登录 Python 官网(https://www.Python.org)，点击"Downloads"菜单即可下载对应操作系统的安装软件。现在官网默认提供 Python 3 的一种安装版本，如图 1.2 所示。

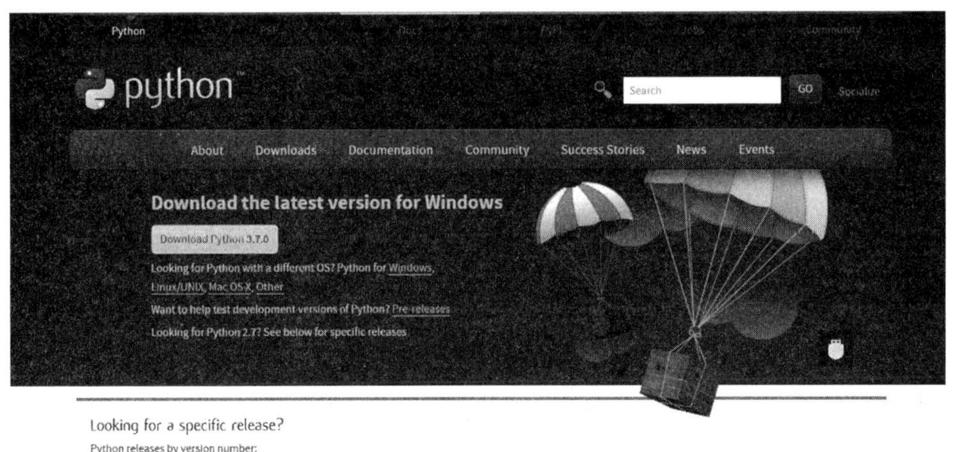

图 1.2 Python 下载安装界面

安装 Python 后，系统自带一个集成开发环境 IDE(Integrated Development Environment)——IDLE。同时，Python 的 IDE 种类很多，本章稍后会介绍三种常用的 IDE。

本书使用的 Python 版本为 Python 3，具体版本号为 Python-3.6.5，读者可自行下载 Python 3.5 以上版本。

2. Windows 下安装 Python 3

打开安装包，除更换安装路径外，建议在安装时勾选环境变量;配置和 pip 命令的附带安装，其余大部分安装为默认。

在图 1.3 中，可勾选 Add Python 3.6 to PATH，在安装时自动配置环境变量，若不勾选，则需要在安装后自行配置环境变量；之后建议点击安装第二个选项 Customize installation，这样可以附带安装 pip 命令，pip 命令是 Python 安装第三方库的重要命令。

图 1.3 Python 安装界面 A

在图 1.4 中，勾选 pip，pip 是 Python 开发中重要的第三方模块安装工具。图 1.4 中的安装页面为可选项安装界面，各选项也可全部勾选。

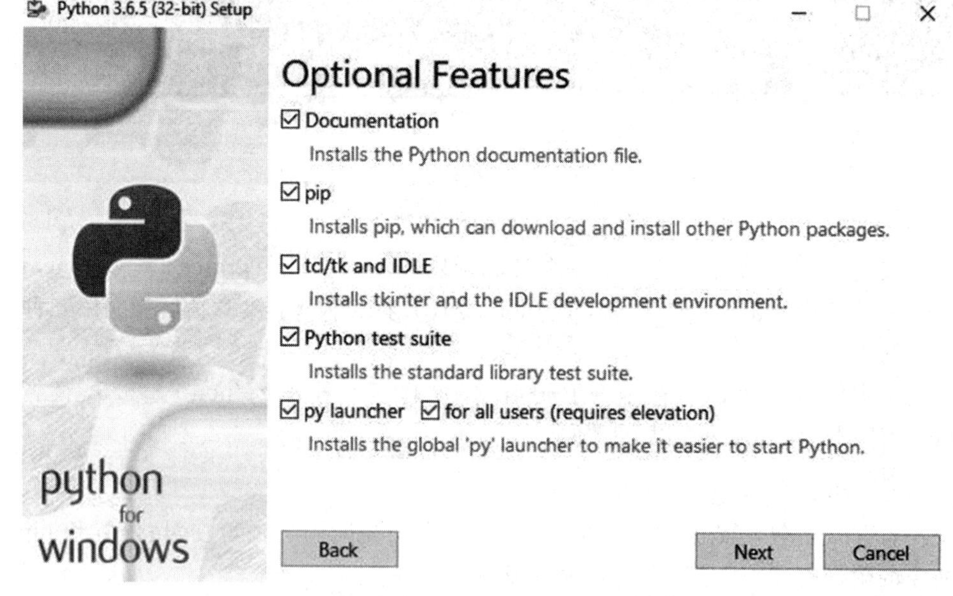

图 1.4 Python 安装界面 B

图 1.5 为更高级可选项安装界面，勾选 Install for all users 选项，保证系统其他用户可使用 Python 3，然后勾选 Add Python to environment variables 选项，可在安装时附带添加配置环境变量，最后选择安装路径，点击 Install 命令完成安装。

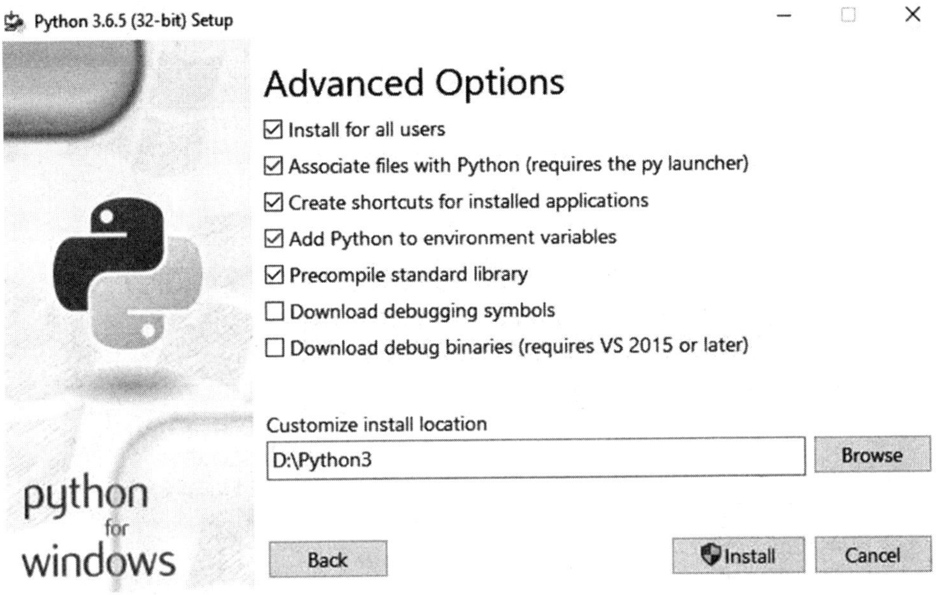

Python 3.6.5 (32-bit) Setup

Advanced Options

☑ Install for all users
☑ Associate files with Python (requires the py launcher)
☑ Create shortcuts for installed applications
☑ Add Python to environment variables
☑ Precompile standard library
☐ Download debugging symbols
☐ Download debug binaries (requires VS 2015 or later)

Customize install location
D:\Python3　Browse

python for windows

Back　Install　Cancel

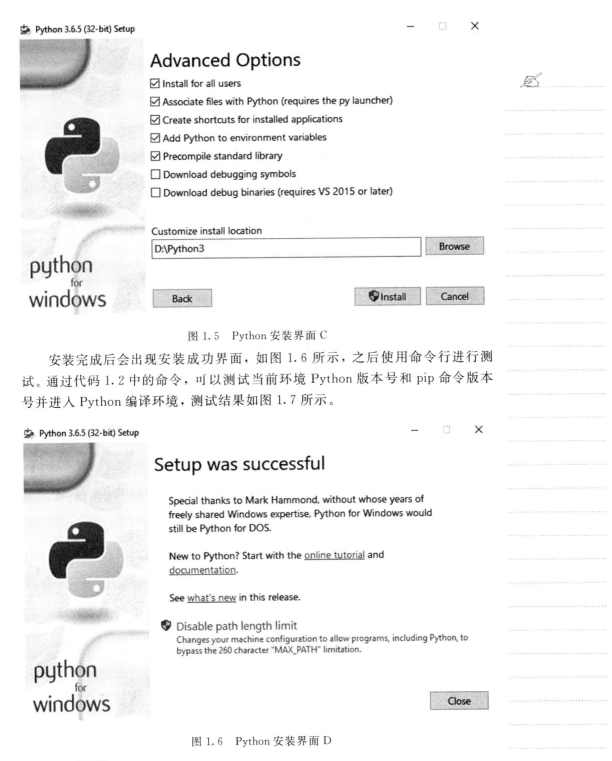

图 1.5　Python 安装界面 C

安装完成后会出现安装成功界面，如图 1.6 所示，之后使用命令行进行测试。通过代码 1.2 中的命令，可以测试当前环境 Python 版本号和 pip 命令版本号并进入 Python 编译环境，测试结果如图 1.7 所示。

Python 3.6.5 (32-bit) Setup

Setup was successful

Special thanks to Mark Hammond, without whose years of freely shared Windows expertise, Python for Windows would still be Python for DOS.

New to Python? Start with the online tutorial and documentation.

See what's new in this release.

Disable path length limit
Changes your machine configuration to allow programs, including Python, to bypass the 260 character "MAX_PATH" limitation.

python for windows

Close

图 1.6　Python 安装界面 D

代码 1.2

```
>Python --version
#Python 命令版本参数，显示当前环境 Python 版本号
```

>pip - - version
#显示 pip 命令版本号

>Python
#进入 Python 命令行编译环境

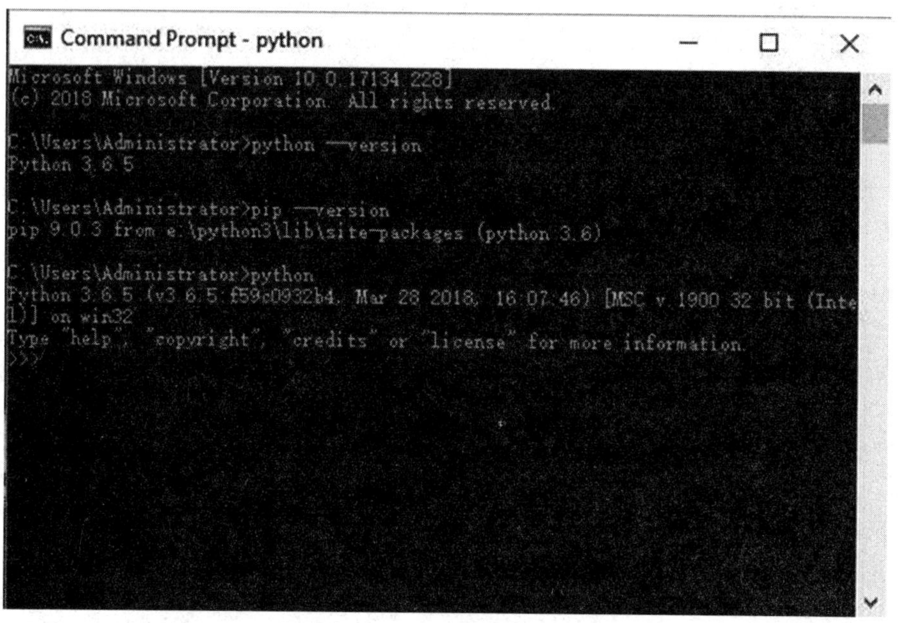

图 1.7 Python 命令行测试

3. 类 UNIX 操作系统下安装 Python3

类 UNIX 操作系统也是当前应用比较广泛的操作系统，包括 Ubuntu、CentOS 和 Mac OS 等操作系统，它们大多以命令行的形式进行系统操作。针对不同的操作系统，Python 都提供了界面安装版，一般情况下，安装界面会自动提示下载对应操作系统版本，安装过程和 Windows 类似，这里不再详述。

1.2.3 Python 集成开发环境(IDE)

1. IDLE

IDLE 是 Python 程序自带的 IDE，具备基本的开发功能，是 Python 非商业开发的不错选择。当安装好 Python 以后，IDLE 就自动安装好了，不需要另外去安装。使用 Eclipse 这个强大的框架时，IDLE 也可以非常方便地调试Python 程序。

IDLE 基本功能包括：

(1) 语法高亮；

(2) 段落缩进；

(3) 基本文本编辑；

(4) Tab 键控制；

(5) 调试程序。

IDLE 是标准的 Python 发行版 IDE，由开发作者 Guido van Rossum 编写(至少最初的绝大部分)，可在能运行 Python 和 Tk(Tkinter，图形模块，Python 标准 GUI 库)的任何环境下运行 IDLE。

打开 IDLE 后，出现一个增强的交互命令行解释器窗口，IDLE 对比终端命令行的 Python 编译环境，有更好的剪切-粘贴、回行和代码补全等功能。因此，IDLE 非常适合编写和学习功能简单的 Python 代码，如测试个别函数和语句，同时 IDLE 也是本书内容基础部分主要使用的 IDE。

IDLE 编辑界面如图 1.8 所示。

```
Python 3.6.5 Shell
File  Edit  Shell  Debug  Options  Window  Help
Python 3.6.5 (v3.6.5:f59c0932b4, Mar 28 2018, 16:07:46) [MSC v.1900 32 bit (Inte
l)] on win32
Type "copyright", "credits" or "license()" for more information.
>>> for i in range(10):
	print(i)


0
1
2
3
4
5
6
7
8
9
>>> i
9
>>> x=11
>>> x+i
20
>>>
Ln: 1  Col: 12
```

图 1.8 IDLE 编辑界面

从图 1.8 中可以看出，IDLE 是交互式编辑界面，即输入代码和输出结果是交互显示的。如果是一个比较大的程序，可以通过菜单 File 新建 Python 格式文件来保存，之后在命令行上编译，图中代码完成了一个 0～9 的整数循环输出，并定义了一个变量 x=11，与循环输出的 i 结果相加。

由于 IDLE 界面比较简洁，很多操作适合用快捷键完成，快捷键在不同操作系统下会有所不同。主要快捷键在 Edit 菜单中显示，如图 1.9 所示。

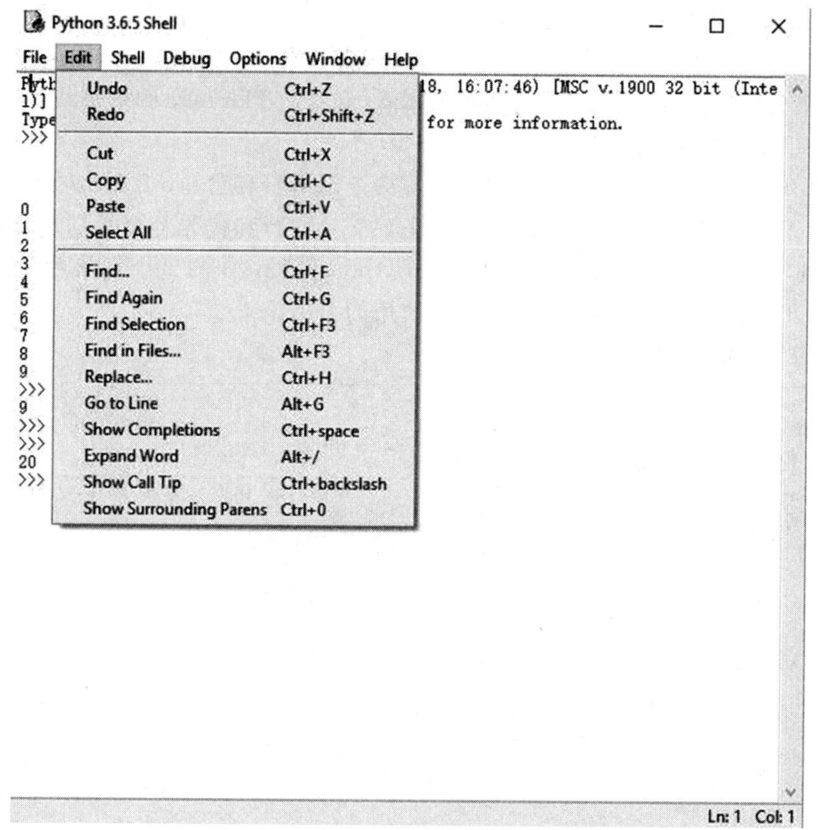

图 1.9　IDLE 编辑页面

在 IDLE 实际使用中，还有如下快捷键较为常用：

(1) Alt+p，Alt+n：使用上一条命令和下一条命令

(2) Alt+3，Alt+4：代码的注释和去注释

(3) Ctrl+[，Ctrl+]：当前代码的减缩进和加缩进

(4) Ctrl+Shift+Space：当前代码补全提示(在文件中用 Tab 键补全代码)

2. PyCharm

PyCharm 是一种专为 Python 打造的 IDE，带有一整套可以帮助用户在使用 Python 语言开发时提高其效率的工具，比如代码调试、语法高亮、项目管理、代码跳转、智能提示、代码自动补全、单元测试、版本控制等。此外，该 IDE 还提供了一些高级功能，例如用于支持 Django 框架下的专业 Web 开发。

PyCharm 是由 JetBrains 打造的一款 Python IDE，同时支持 Google App Engine 和 IronPython，这些功能在先进代码分析程序的支持下，使 PyCharm 成为 Python 开发人员的有力工具。

PyCharm 功能强大，集成了主要的框架和应用，可以方便快速地部署开发项目。如图 1.10 所示，就是使用 PyCharm 集成的 Django 框架进行 Web 开发的。

PyCharm 功能较全，可以进行简单的 Python 文件的编译和调试，如图 1.11 所示，使用 PyCharm 完成 for 循环输出 0 到 9。

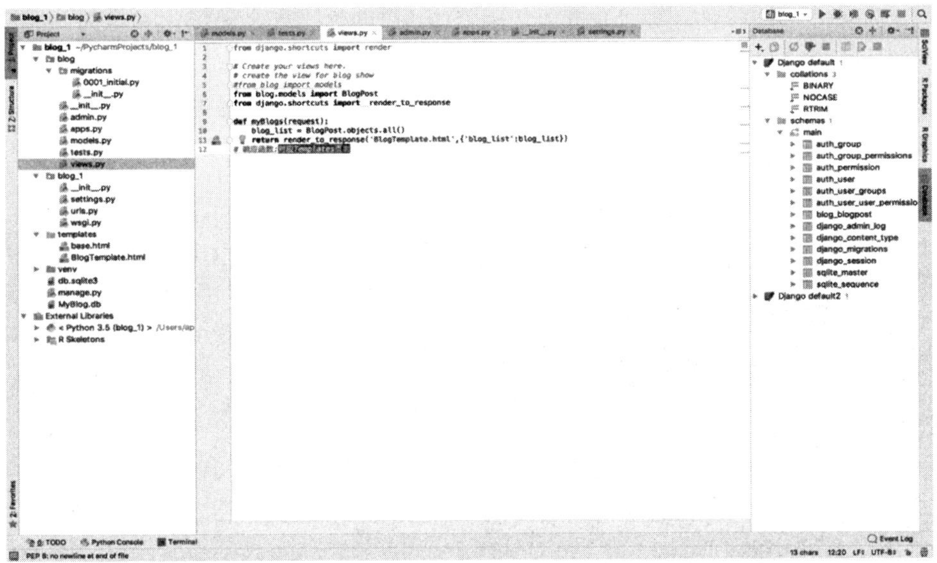

图 1.10 PyCharm 软件开发项目

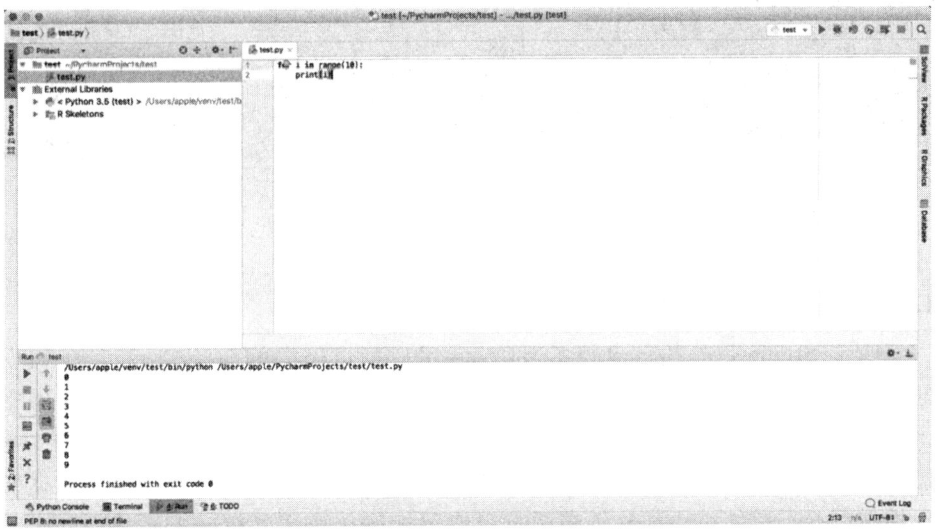

图 1.11 使用 PyCharm 编译 Python 文件

3. Sublime Text

Sublime Text 是一个代码编辑器，它可以完成各类代码的编辑。它也是HTML 和各类脚本语言常用的文本编辑器。

Sublime Text 最早由程序员 Jon Skinner 于 2008 年 1 月份开发出来，简称Sublime。它最初被设计为一个具有丰富扩展功能的 Vim，因此本质上也是一个多功能的文本编辑器。只要系统安装了某种语言的编译环境，它就能支持该语言的编辑调试，如 PHP，HTML 和 JavaScript 等。Sublime Text 具有漂亮的用户界面和强大的功能，例如代码缩略图、Python 的插件和代码段等，还可自定义键绑定、菜单和工具栏。

Sublime Text 的主要功能包括：拼写检查、书签、完整的 Python API、Goto 功能、即时项目切换等。Sublime Text 也是一个跨平台的编辑器，同时支持 Windows、Linux、Mac OS X 等操作系统。如图 1.12 所示，是使用 Sublime Text 编译 Python 语言的 for 循环，输出 0～9。

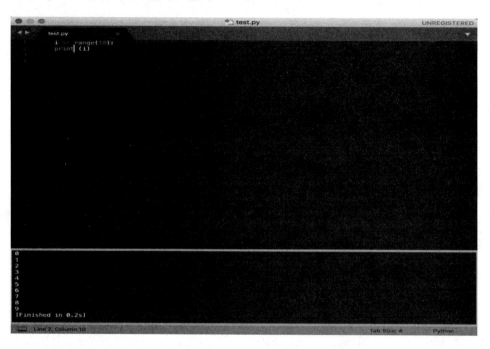

图 1.12　使用 Sublime Text 编译 Python 语言

1.2.4　Dana Studio 数智开发平台

Dana Studio 是德拓信息技术股份有限公司(以下简称德拓公司)自主研发的大数据开发平台，是一个综合的大数据开发学习平台，通过后台服务器的平台集成，可以帮助前端用户智能化地收集、存储、分类、处理、分享、可视、连接和应用数据。同时，Dana Studio 主要针对结构化、半结构化和非结构数据实现抽取融合、存储、计算分析的开发以及对这些任务实现统一的运维管理。另外，它还是一个支持多用户操作的开发平台，用于实现大数据项目的快速开发。

Dana Studio 主要通过控制台完成数据开发或学习，其以网页形式，同时集成了当下主流的第三方库，方便用户导入调用，可在平台上直接导入数据或代码文件进行开发和调试。用户使用平台时，编写代码文件主要以文件(脚本)的形式执行。

如图 1.13 所示，Dana Studio 平台主要功能模块包括数据接入、工作流、数据开发、数据探索和运维中心等，平台功能集大数据开发整套流程，方便用户部署应用及学习实践。

图 1.13 Dana Studio 控制台首页

图 1.14 和图 1.15 为 Dana Studio 平台的脚本文件保存和编辑页面，用户可在网页中编写代码并保存为脚本文件，或直接导入脚本文件运行代码。

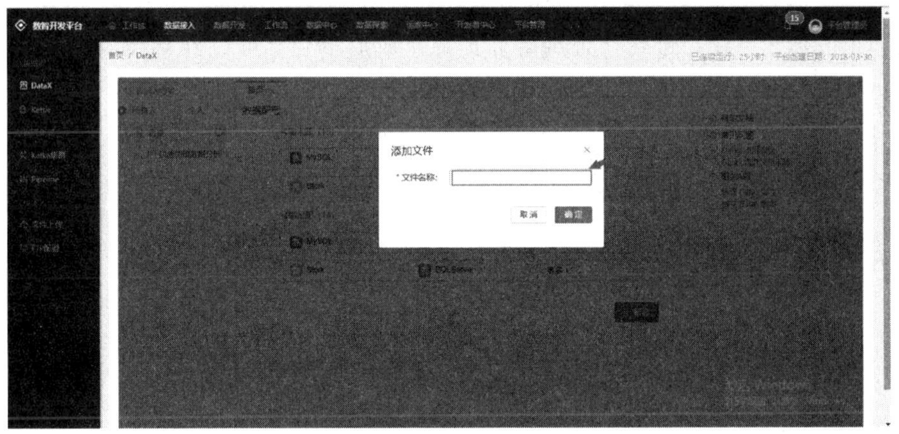

图 1.14 Dana Studio 文件保存页

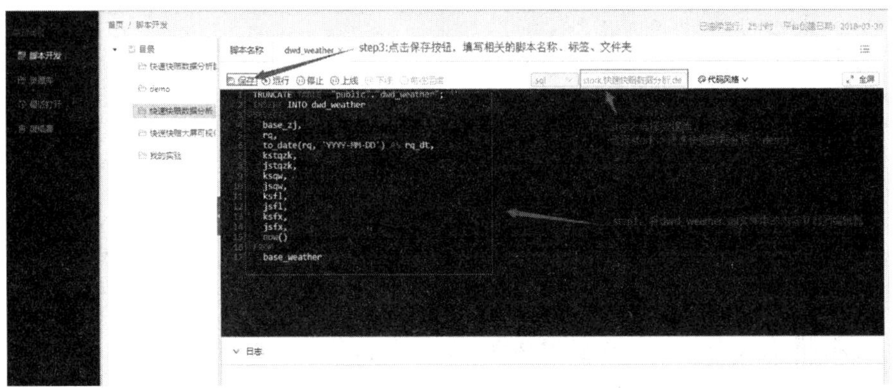

图 1.15 Dana Studio 平台代码编辑页面

1.3 Python 命令行操作

Python 语言擅长各类脚本，因此在命令行下使用 Python 就很实用，相关命令包括管道命令 pip 和 Python 编译命令，同时也包括操作系统下特别是 linux 系统下的常用操作命令。

当安装好 Python 3(环境变量配置成功)后，在命令行中可以测试 Python 版本。例如：

```
>Python --version
#或用缩写
> Python -V
```

1.3.1 pip 命令

pip 是一个通用的 Python 包管理工具，提供了对 Python 包的查找、下载、安装和卸载等功能。在命令行上使用 pip 命令，可以方便管理第三方包，这里的包也称为库或者框架。包是 Python 使用和扩张各类功能的方式，pip 命令包括对包的安装、更新、卸载和查询等。安装完成后的包，可以在代码文件中通过 import 命令导入包并使用。

下面以安装常用包 numpy 为例介绍 pip 命令。

(1) 安装命令。例如：

```
> pip install numpy
```

使用 pip 的 install 命令可以安装 numpy 包。

(2) 更新命令。例如：

```
> pip install --upgrade numpy
```

其中，--upgrade 是命令 install 的参数。

```
> pip install -U pip
```

使用 pip 命令完成自我更新；参数--upgrade 可以用缩写-U 代替。

(3) 卸载命令。例如：

```
> pip uninstall numpy
```

(4) 查询当前环境已安装的包。例如：

```
> pip list
```

(5) 查询过期的包。例如：

```
> pip list --outdated
```

若使用 list 命令的 outdated 参数，可以通过 install 命令的 upgrade 对已过期的包进行更新。

(6) 查询安装路径。需要注意的是，Python 编译环境有默认的安装路径，安装完成后的包文件放在对应的安装路径下，具体路径可以通过以下命令查询：

```
>Python -m site
```

USER_SITE：就是 pip 安装的默认路径。

(7) 查询具体包的路径信息。例如：

```
> pip show numpy
```

1.3.2 编译 Python 文件

1. Python 代码编辑界面

前面提过，当安装好 Python 并配置完环境变量后，Python 命令在命令行上可用，通过 Python 可以直接进入 shell 的 Python 编辑界面，例如：

```
>Python

>>>quit()
```

进入 Python 编辑界面后，可用 quit()命令退出编辑界面。

2. 编译 Python 文件

Python 命令最大的用处是编译 Python 文件，如代码 1.3 中的文件 test.py，该文件的作用是判断输出的数是否为偶数。

代码 1.3

```
#test.py

print('请输入一个整数')
x=input()
if x%2 == 0:
    print(x,'是一个偶数')
else:
    print(x,'不是一个偶数')

#input()函数是 x 从命令行接收一个变量，并以字符串形式保存
```

在命令行下编译该文件，并测试结果，例如：

```
>Python test.py
请输入一个整数
5
5 不是一个偶数

> Python test.py
请输入一个整数
6
6 是一个偶数
```

3. 使用模块脚本

Python 中的库大多可以作为脚本使用，可通过参数-m 使用模块脚本，例如：

```
>Python -m pip
```

等同于 pip 命令。

```
>Python -m http.server
```

启动一个 http 服务器。

```
>Python --help
```

通过--help 查询 Python 相关参数。

1.3.3 搭建 Python 2 和 Python 3 兼容的系统环境

由于 Python 2 和 Python 3 差异较大，有时系统需要同时安装两个版本，也就是需要配置两者兼容的环境，具体操作可通过命令行进行配置：

(1) 找到 Python 3 安装文件 Python.exe，将其更名为 Python3.exe(exe 是文件扩展名)，然后将 Python 2 下的 Python.exe 更名为 Python2.exe。

(2) 在命令行下测试 Python2 和 Python3 命令。

(3) 测试 pip 命令时，Python3 的 pip 命令用 Python3 -m pip 实现。

1.4 Python 编程格式

Python 编程格式是指用 Python 编写代码时需要遵守的通用格式。

1.4.1 基础格式

Python 有两种编程模式，一种是在命令行和自带 IDLE 中常见的模式，也称交互式编程。另一种是以脚本文件编程，将 Python 代码写入脚本文件中，通过脚本文件参数调用解释器开始执行脚本文件，直到脚本文件执行完毕。当脚本执行完成后，解释器不再有效。Python 脚本也叫 Python 文件，以 .py 为扩展名。

Python 编程时有两个通用格式，下面介绍这两个通用格式的语言特征。

1. 每行语句无需加标点结尾

Python 语言无需为代码添加句末标点，这与很多其他语言需要用分号"；"结尾不同。

2. 通过缩进体现代码执行层次

Python 每条执行语句都是顶格书写，当该条语句逻辑需要多行语句实现时，通过缩进体现代码逻辑层次，如代码 1.4 所示。

代码 1.4

```
#test.py

print('请输入一个整数')
    #输出函数 print

x=input()
    #输入函数赋值给变量 x，顶格书写

if x%2 == 0:
    print(x,'是一个偶数')
else:
    print(x,'不是一个偶数')

#if 条件语句，需要多行完成，if 条件内的代码属于 if 语句，通过缩进表示 if 逻辑层次
```

1.4.2　交互式编程

交互式编程不需要创建脚本文件，可通过 Python 解释器的交互模式编写代码。其特点是编写代码和输出结果交互显示，Python 交互式编程用三个箭头显示编辑行“>>>”，无箭头则显示结果行。图 1.16 和图 1.17 是 Python 分别在命令行(CMD)中和自带 IDLE 下的交互式编程，输出“hello world”字符串和 0～9 的整数 for 循环。

```
Command Prompt - python
This drive is locked by BitLocker Drive Encryption. You must unlock this drive f
rom Control Panel.

C:\Users\Administrator>E:

E:\>python
Python 3.6.5 (v3.6.5:f59c0932b4, Mar 28 2018, 16:07:46) [MSC v.1900 32 bit (Inte
l)] on win32
Type "help", "copyright", "credits" or "license" for more information.
>>> print("hello world")
hello world
>>> for i in range(10):
...     print(i)
...
0
1
2
3
4
5
6
7
8
9
>>>
```

图 1.16　Python 命令行下交互式编程

```
Python 3.6.5 Shell
File  Edit  Shell  Debug  Options  Window  Help
Python 3.6.5 (v3.6.5:f59c0932b4, Mar 28 2018, 16:07:46) [MSC v.1900 32 bit (Inte
l)] on win32
Type "copyright", "credits" or "license()" for more information.
>>> print("hello world")
hello world
>>> for i in range(10):
	print(i)

>>> |
Ln: 19  Col: 4
```

图 1.17　IDLE 下交互式编程

1.5 Python 相关文件及使用

Python 文件根据其用途不同，按惯例有不同名字。Python 文件主要有脚本(Script)和模块(Module)，它们都是一个 Python 文件，即以 py 为文件扩展名，主要包含了 Python 数据对象定义和 Python 语句。

1.5.1 Python 脚本

Python 脚本一般由多行代码组成，这些代码可以用记事本编辑，脚本程序在执行时，是由系统安装的 Pyhton 解释器，将其一条条的 Python 代码翻译成计算机可识别的指令，并按程序顺序执行的。因为脚本在执行时多了一道翻译的过程，所以它比编译型语言执行效率要稍低。

点击 IDLE 下的 File 按钮，新建一个 Python 脚本文件 test. py，并另存为 Windows 系统下的一个文件夹，如图 1.18 所示。

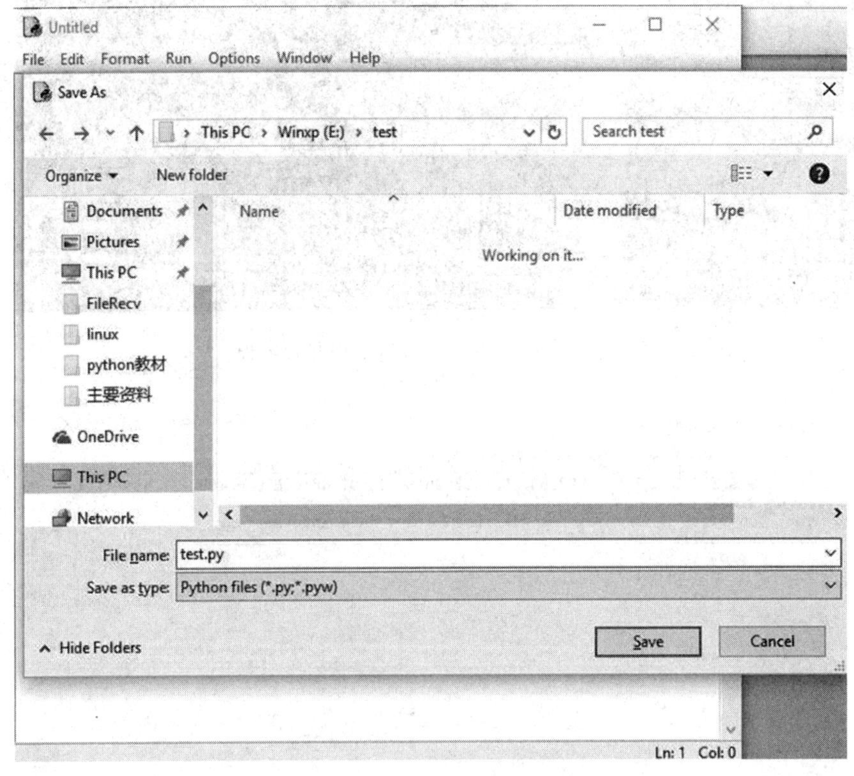

图 1.18　创建 Python 脚本文件

编辑脚本文件，通过 input()函数从命令行中传入数据，用 if 条件语句和 print()输出函数完成一个判断整数奇偶性的脚本，如代码 1.5 所示。

代码 1.5

```
#test. py
```

```
print('请输入一个整数')

x=input()
#命令行传入字符串并赋值给变量 x

x=int(x)
#由于 Python3 传入的数默认为字符串，将字符串转换为整数

if x%2 == 0:
    print(x,'是一个偶数')
else:
    print(x,'不是一个偶数')
```

编辑完脚本后，保存进入命令行对应文件夹的路径下，对 test.py 脚本用 Python 命令执行脚本，如代码 1.6 所示，Windows 下命令行进入对应文件夹E:\test。

代码 1.6

```
>e:
#进入 E 盘

>cd test
#进入 test 文件夹，test.py 脚本在该文件夹下

>Python test.py
```

通过输入一个整数，判断整数奇偶性，其运行结果如图 1.19 所示。

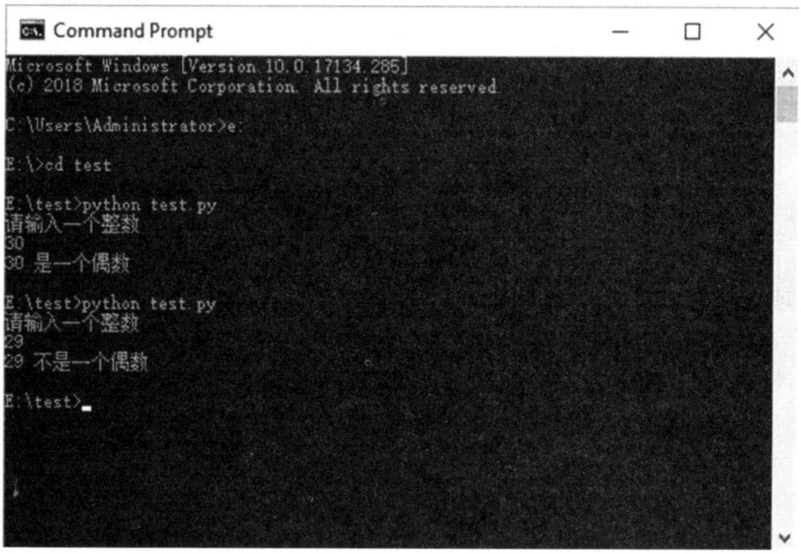

```
Command Prompt
Microsoft Windows [Version 10.0.17134.285]
(c) 2018 Microsoft Corporation. All rights reserved.

C:\Users\Administrator>e:

E:\>cd test

E:\test>python test.py
请输入一个整数
30
30 是一个偶数

E:\test>python test.py
请输入一个整数
29
29 不是一个偶数

E:\test>_
```

图 1.19 Python 脚本执行

1.5.2 Python 模块

为了在 Python 编程中更有逻辑地组织 Python 代码段，并把相关的代码分配到一个能让代码更好用、更易懂的模块里，在模块中需要定义函数、类和变量，以及模块里包含的可执行代码。模块也是一个 Python 文件，通常相关的模块集中于一个文件夹，也称之为“包”或“库”。

当解释器遇到 import 语句时，如果模块在当前路径的文件或文件夹下，该模块就会被导入，而搜索路径按一定规则搜索对应目录的列表。如果要导入模块 moduleTest. py，需要把命令放在脚本的顶端，例如：

```
import moduleTest. py
```

模块文件的搜索路径如下：

(1) 文件在当前目录中。

(2) 如果文件不在当前目录中，搜索在 shell 变量 PythonPath 下的每个目录。

(3) 如果 PythonPath 下找不到文件，Python 会察看默认路径。类 UNIX 系统下，默认路径一般为/usr/local/lib/Python/。

注 1：模块文件的搜索路径存储在 system 模块的 sys. path 变量中，变量中包含当前目录、PythonPath 和由安装过程决定的默认目录。

注 2：无论执行了多少次 import，一个模块只会被导入一次，这样可以防止导入模块被多次执行。

本章小结

本章介绍了 Python 语言的特性，包括与其他语言的不同和自身的特征。并介绍了 Python 开发环境以及开发工具，重点介绍了 Windows 系统下 Python 的开发环境，同时通过代码演示了 Python 编程格式及相关文件操作。本章是 Pyhon开发基础和必要的操作知识，可为后续的 Python 编程开发学习打下坚实基础。

课后作业

一、单项选择题

1. Python 主要版本可分为(　　)。

A. Python 1 和 Python 2　　B. Python 2 和 Python 3

C. Python 3 和 Python 4　　D. Python 2.7 和 Python 2.6

2. 以下哪一个是 Python 自带 IDE。(　　)

A. IDEL　　B. Pycharm　　C. Subline　　D. Eclipse

3. 以下哪一个命令可完成 Python 第三方包的安装。(　　)

A. Python　　B. cmd　　C. cd　　D. pip

4. 关于 Python 2. x 和 Python 3. x 以下说法正确的是(　　)。

A. Python 2. x 比 Python 3. x 好用

B. Python 3. x 比 Python 2. x 好用

C. Python 3. x 完全兼容 Python 2. x

D. Python 3. x 不完全兼容 Python 2. x

5. Python 在命令行操作中，以下哪一项是 pip 命令无法完成的。(　　)

A. 安装第三方库

B. 安装 pip 命令

C. 同时使用 Python 2 和 Python 3 的 pip 命令

D. 安装 Python 画图相关模块

参考答案：1. B　2. A　3. D　4. D　5. B

二、简答题

1. 什么是 IDE? Python 有哪些 IDE? 说明各自的特点?

2. 试说明 Python 的脚本和模块的区别。

第 2 章

基 础 语 法

◆ 学习目标

掌握程序设计基本要素
掌握 Python 数据基本类型
了解字符串操作
掌握流程控制
掌握函数

◆ 本章重点

字符串操作
函数

程序设计基础语法主要是指面向过程的程序语言基础，包括基础变量、变量类型、流程控制和函数等，它不仅是编程语言的基础，也是程序开发的重要元素。掌握基础语法，为后面面向对象开发或实现脚本小程序打下坚实基础。

2.1 语法介绍

2.1.1 计算机与编程

学习一门编程语言，首先要知道编程语言的作用，简单来说，编程语言就是用于制作程序的。程序是计算机应用的载体，程序员通过编写程序操作计算机，进而产出基于计算机的应用程序。

编程和我们平时操作计算机不同，操作计算机更多的是使用程序，但编写程序的目的是制作程序，所以有必要更全面深入地了解计算机。

计算机本质就是通过程序完成数据的计算，这里包括两个核心步骤：对数据的存储和对数据的计算，最后把计算的结果进行传输，即计算、存储和传输(IO)。对应这些功能的计算机三大部件如表 1.1 所示。

表 1.1 计算机功能结构

计 算	存 储	传输
CPU：运算器 ALU	CPU 寄存器	—
—	高速缓存	—
—	内存：物理内存、虚拟内存	—
—	外存：硬盘、移动存储(U 盘，移动硬盘)、ROM BIOS	—

计算、存储、传输称为 CPU 三大核心部件，也是编程主要涉及到的三大部件。其中，程序语言的变量是放在计算机存储的部件内存中的，循环和判断等流程控制语句可以由 CPU 来完成相应控制和计算，并借助寄存器完成高速的计算控制。

2.1.2 数据结构

数据结构是计算机存储、组织数据的方式。数据结构是指数据组成元素相互之间存在一种或多种特定关系的集合。通常情况下，合适的数据结构可以带来更高的运行或者存储效率。数据结构往往同高效的检索算法和索引技术有关。

编程语言中把数据按不同类型进行分类，可以用变量来定义并存储不同类型的数据，不同类型的数据变量也代表不同的数据结构。

数据结构不仅是计算机存储数据时数据的组成方式，也是计算机软件开发的基础学科。基础数据类型是编程中常用的数据结构，有数字(包括整数，浮点数)、字符串、数组等。更高级的数据类型是对基础数据类型的扩展，包括集合、字典和对象等，在面向对象编程中主要通过类和对象来表现。

Python 中定义基础变量不需要声明类型(系统自动判断)，但每个变量使用前必须被赋值，同时 Python 中的变量也被封装为对象，因此变量对象有对应其基类的常见方法和属性。

2.2 基础数据类型

基础数据类型是使用基础变量可以选择的数据类型，主要包括数字(整型和浮点型)、字符串、集合型数据，集合型数据包括列表、元组、集合和字典型数据。

对基础数据类型的定义、赋值和输出如代码 2.1 所示。

代码 2.1

```
>>>n1 = 123
```

```
>>>n2 = 123.123
>>>s1 = 'abc'
>>>s2 = "abc"
#字符串变量使用单引号，或者双引号括起

>>>n1
#输出 n1 的值，也可以用 print(n1)输出，同下
>>>n2

>>>print(s1)
#在 Python 中通过 print()函数可以输出变量的值，直接输出亦可
>>>print(s2)
```

1. 列表

列表是集合类数据结构，类似数组，它主要用来存储多个数据，每个数据也称为一个元素。列表内的元素类型可以为不同类型，用中括号定义。例如：

l1 = [1,"2a",3];

列表里面的元素也可以是列表，这样就构成多维列表，同时，列表可以通过 for 循环自动推导，生成规律的多维列表，如代码 2.2 所示。

代码 2.2

```
>>>list = [1,2,3]
>>>print(list)
#将 list 的元素分别赋值给 x，y，z

>>>x,y,z=list
#将 list 的元素分别赋值给 x，y，z

#列表生成表达式
# 生成 m * n 行列表
# test =[[0 for i in range(m)] for j in range(n)] #生成 m * n 的列表，元素全为 0

>>>test =[[0 for i in range(5)] for j in range(5)]#生成 5 * 5 的列表，元素值为 0
>>>print(text)
```

text 运行结果如图 2.1 所示。

```
C:\Users\Administrator>python
Python 3.6.5 (v3.6.5:f59c0932b4, Mar 28 2018, 16:07:46) [MSC v.1900 32 bit (Intel)] on win32
Type "help", "copyright", "credits" or "license" for more information.
>>> text = [[0 for i in range(5)] for j in range(5)]
>>> text
[[0, 0, 0, 0, 0], [0, 0, 0, 0, 0], [0, 0, 0, 0, 0], [0, 0, 0, 0, 0], [0, 0, 0, 0, 0]]
>>>
```

图 2.1　列表运行图

2. 元组

元组类似列表，元组内的元素不可改变，但可以包含可变的元素，同时区别于列表，元组用小括号定义。例如：

```
tuple = ('physics', 'chemistry', 1997, 2000);
a, b, c, d = tuple
```

将 tuple 四个元素的值赋值给变量 a，b，c，d。

3. 集合

集合是一种无序且不重复的序列，定义集合变量时，集合成员会自动进行去重测试，以保证集合中没有重复的元素，定义集合使用大括号{}。

集合定义如代码 2.3 所示。

代码 2.3

```
>>>a={1,2,3}

>>>b={1,2,3,3}

>>>a
>>>b
#a,b 输出结果相同
```

4. 字典

列表是有序对象的结合，字典是无序对象的集合。字典通过键值存取数据，而列表通过位移偏移量存取。字典以数据“成对”的方式存储数据，一个叫“键”(key)，一个叫“值”(value)。可以通过“键”去找到对应的“值”。字典类型数据有以下特性：

(1) 键必须是唯一的；

(2) 键必须是不可变数据类型；

(3) 通过大括号{}来定义字典，字典内部通过“：”来分割一对数据的“键”和“值”；

(4) 字典也可通过下标索引定义，下标不是数字而是“键”。

字典定义常见操作方法如代码 2.4 所示。

代码 2.4

```
>>>dict1 = {'name': 'python','code':1, 'site': 'www'}
>>>dict1

>>>dict2 = {}
>>>dict2
# 为字典 dict2 添加键为字符串“one”，值为字符串“a1”的值

>>>dict2['one'] = "a1"
#为字典 dict2 添加键为数字 2，值为字字符串“2”的值

>>>dict2[2] = 'a2'
```

```
>>>dict1
>>>dict2
```

运行结果如图 2.2 所示。

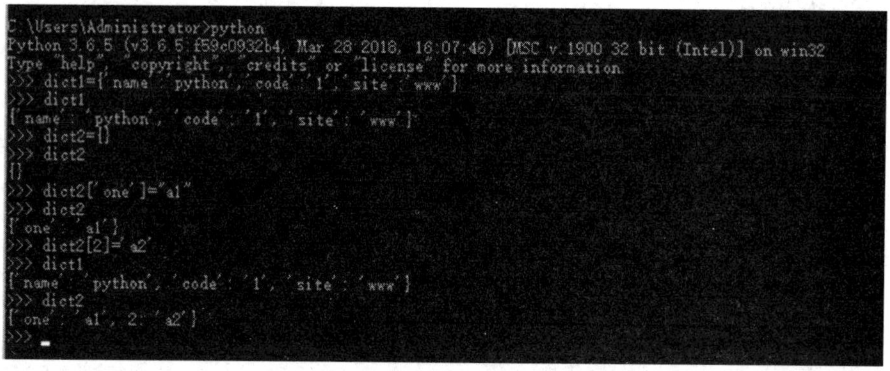

```
C:\Users\Administrator>python
Python 3.6.5 (v3.6.5:f59c0932b4, Mar 28 2018, 16:07:46) [MSC v.1900 32 bit (Intel)] on win32
Type "help", "copyright", "credits" or "license" for more information.
>>> dict1={'name':'python','code':'1','site':'www'}
>>> dict1
{'name': 'python', 'code': '1', 'site': 'www'}
>>> dict2={}
>>> dict2
{}
>>> dict2['one']="a1"
>>> dict2
{'one': 'a1'}
>>> dict2[2]='a2'
>>> dict1
{'name': 'python', 'code': '1', 'site': 'www'}
>>> dict2
{'one': 'a1', 2: 'a2'}
>>>
```

图 2.2　字典定义 1

字典定义的方法有很多，其中主要方法是通过 dict()函数不同的参数设置和列表推导的方法，但各种方法大同小异，关键在于理解字典键和值的关系。

代码 2.5 通过 ditc()函数的两种参数形式(一个列表，一个为多变量参数)，以及大括号形式定义。

代码 2.5

```
#其他构建字典的方法
>>>dict1=dict([('Baidu', 1), ('Google', 2), ('Taobao', 3)])
>>>dict1
{'baidu':1,'Google':2,'taobao':3}

>>>dict2=dict(Baidu=1, Google=2, Taobao=3)
>>>dict2
{'baidu':1,'Google':2,'taobao':3}

>>>dict3={x: x* *2 for x in (2, 4, 6)}
>>>dict3
{2: 4, 4: 16, 6: 36}
```

三种定义字典的方法各有特点，其运行结果如图 2.3 所示。

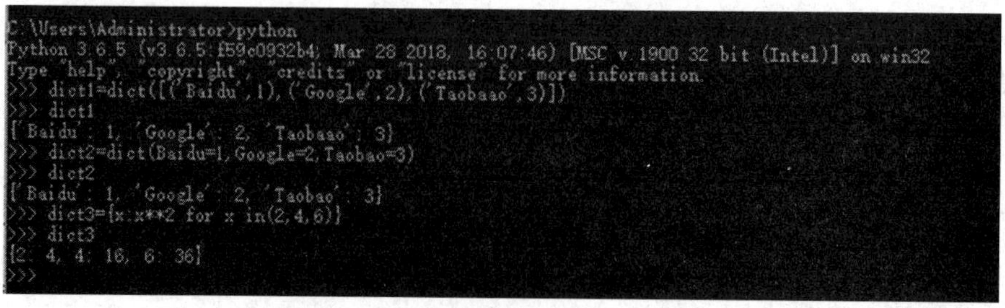

```
C:\Users\Administrator>python
Python 3.6.5 (v3.6.5:f59c0932b4, Mar 28 2018, 16:07:46) [MSC v.1900 32 bit (Intel)] on win32
Type "help", "copyright", "credits" or "license" for more information.
>>> dict1=dict([('Baidu',1),('Google',2),('Taobao',3)])
>>> dict1
{'Baidu': 1, 'Google': 2, 'Taobao': 3}
>>> dict2=dict(Baidu=1,Google=2,Taobao=3)
>>> dict2
{'Baidu': 1, 'Google': 2, 'Taobao': 3}
>>> dict3={x:x**2 for x in(2,4,6)}
>>> dict3
{2: 4, 4: 16, 6: 36}
>>>
```

图 2.3　字典定义 2

代码 2.6 为字典对象自带的方法，常见的方法有 get()，items()等。

代码 2.6

```
#字典对象自带的方法
#1. get()：获得键的值
#2. items()：以列表方式获得字典
>>>dict1 = {'name':'baidu','code':1,'site':'www'}

>>>dict1

>>>dict1. get('name')
#获取字典 dict1 中键为字符串'name'的值，效果等同于 dict1['name']

>>>list = dict1. items()
#返回字典的列表格式，并把它赋值给 list 变量

>>>list
```

运行结果如图 2.4 所示。

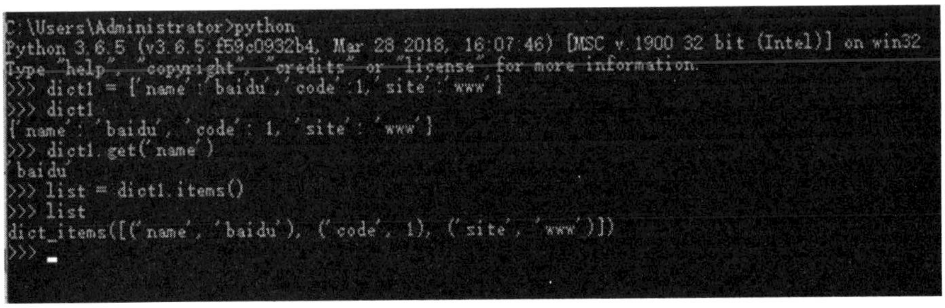

```
C:\Users\Administrator>python
Python 3.6.5 (v3.6.5:f59c0932b4, Mar 28 2018, 16:07:46) [MSC v.1900 32 bit (Intel)] on win32
Type "help", "copyright", "credits" or "license" for more information.
>>> dict1 = {'name':'baidu','code':1,'site':'www'}
>>> dict1
{'name': 'baidu', 'code': 1, 'site': 'www'}
>>> dict1.get('name')
'baidu'
>>> list = dict1.items()
>>> list
dict_items([('name', 'baidu'), ('code', 1), ('site', 'www')])
>>>
```

图 2.4　字典自带函数

2.2.1　数据类型转换

不同数据类型之间，有的可以相互转换，有的则不能。Python 自带的转换函数可以完成不同基础数据类型的转换，其中较常见的有数字、字符串和列表之间的转换，示例如代码 2.7 所示。

代码 2.7

```
#1
>>>x = '178' #将字符串中的数字转换为整形
>>>y = int(x)

>>>x = '178a'
>>>y = int(x)
# 报错，字符型不能转换为 int


#2
```

```
>>>x2 = 'abcd'
>>>y2 = list(x2) #将字符串转换为 list
```

运行结果如图 2.5 所示。

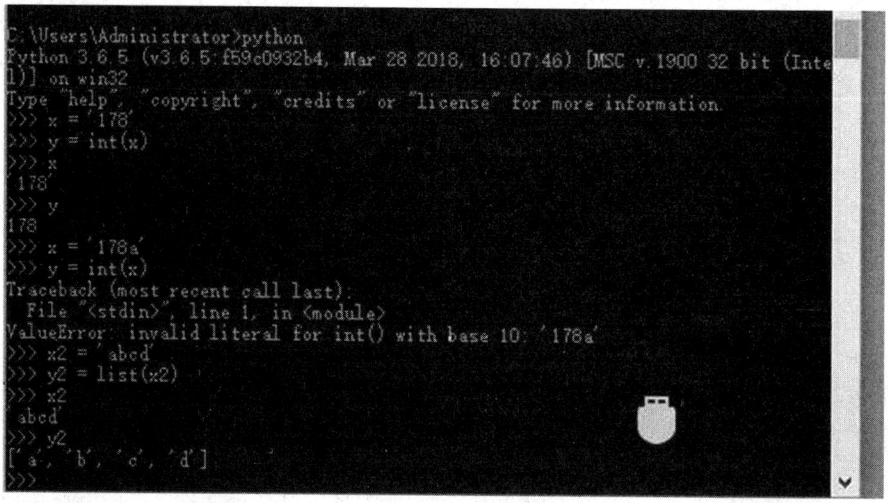

```
C:\Users\Administrator>python
Python 3.6.5 (v3.6.5:f59c0932b4, Mar 28 2018, 16:07:46) [MSC v.1900 32 bit (Inte
l)] on win32
Type "help", "copyright", "credits" or "license" for more information.
>>> x = '178'
>>> y = int(x)
>>> x
'178'
>>> y
178
>>> x = '178a'
>>> y = int(x)
Traceback (most recent call last):
  File "<stdin>", line 1, in <module>
ValueError: invalid literal for int() with base 10: '178a'
>>> x2 = 'abcd'
>>> y2 = list(x2)
>>> x2
'abcd'
>>> y2
['a', 'b', 'c', 'd']
>>>
```

图 2.5 数据类型转换

2.2.2 列表详解

列表是 Python 中最常见的数据结构，类似数组。其中一些自带的函数具有代表性，可用于其他各类集合型数据结构中。例如求列表长度，可以用类似的方法求字符串长度。同时列表还有很多常用操作，包括列表的添加、删除、索引、切片。

列表常用操作如代码 2.8 所示，包括求列表长度、统计个数、索引、列表运算、添加元素和删除元素等。

代码 2.8

```
>>>la = [1,'a',{'a'},{1:'a'},True,[1,2],1]

>>>len(la)
#求列表长度

>>>la.count('1')
#统计列表中字符为'1'的个数

>>>la.index('a')
#找出列表中第一个字符为'a'的位置(第一个元素位置为 0)

>>>la+la
#两个相同的列表相连

>>>la*3
```

```
#一个列表复制 3 份

>>>la.append('b')
#在列表末尾添加元素

>>>la.extend('abc')
#将添加元素拆分为单个字符后添加

>>>la.insert(3,'xxx')
#在指定位置元素前添加元素

>>>la.remove(1)
#删除指定元素

>>>la.remove(la[0])
#删除指定位置元素

>>>del la[2]
#删除指定位置元素

>>>la.pop()
#删除列表最后一个元素
```

切片(Slice)和索引(Index)是列表操作的精髓，它们可以用在字符串和常见第三方库的一维数据结构中。切片是指把列表进行“分割”，取出一部分元素；索引是指按照列表的排列顺序，找出特定位置的元素，具体操作如代码 2.9 所示。

代码 2.9

```
>>>la[0]
    #索引列表第 1 个元素

>>>la[1]
    #索引列表第 2 个元素

>>>la[-1]
    #索引列表倒数第 1 个元素

>>>la[2:5]
    #列表切片，找出第 2 个到第 4 个元素(通过冒号分割起点和终点)

>>>la[2:]
    #第 2 到最后一个元素(终点默认为最后个元素)
```

```
>>>la[:]
    #第1个元素到最后1个元素(起点默认为第0个元素)

>>>la[2:6:2]
    #第2到第5个元素，步跳数为2(第2个冒号后面为步跳数，意为间隔索引)

>>>la[::2]
    #第1个到最后1个元素，步跳数为2(起点和终点默认列表的首元素和尾元素)

>>>la[::-1]
    #列表反转，步跳数为-1，代表从列表尾部开始索引

>>>a = [1,2,3]

>>>b = [a * 60 for i in a]
    #列表推导，一种通过循环来定义数据的方式
```

2.2.3 字符串操作

字符串是指经常被处理的数据类型，字符串操作的函数也经常用到，具体包括字符串分割 split()、插入 join()等。代码 2.10 给出了几个字符串的操作。

代码 2.10

```
#分割字符串函数 split()
>>>s1 = 'a:b'
>>>x,y= s1.split(':')
# 以':'号分割字符串，分别赋值给变量 x，y
#输出测试 x，y
>>>x
>>>y

#split()第2个参数代表两个分割(分为三个部分)，默认是一个分割
>>>s2 = 'a:b:c'
>>>x,y,z = s2.split(':',2)
>>>x
>>>y
>>>z

#列表插入函数,join()
>>>'x'.join(list)
#表示把 x 插入到 list 的每个元素之间，形成一个字符串

#列表转换为字符串
>>>x3 =['1','a','b','2']
>>>y3 =''.join(x3)
>>>y3
```

```
'1ab2'
#输出字符串
```

2.3 流程控制

流程控制是指程序设计中语言最基础的运行流程。用语言编写程序也必须遵守流程控制规则。绝大部分编程语言的流程控制都相同，主要包括顺序结构、分支结构和循环结构。每种结构的实现语句在所有编程语言中都大致相同，主要是分支结构的 if 判断语句、循环结构的 while 语句和 for 语句。

(1) 顺序结构。正常程序的顺序，代码如同文章正常的顺序。

(2) 分支结构。在程序执行到选择语句时，通过选择语句可选择执行不同的后续程序(多为一小段程序)。最常见的是二选一，也称为判断语句，选择其中一条分支继续执行(if 语句)。多路语句也可以用其他语句或 if 语句。

(3) 循环结构。循环结构是最常用的流程控制，其作用是重复执行某一段程序，多为计算类代码。

2.3.1 if 语句

if 语句是最常见的一种分支结构，在 Python 中，if 语句可以实现两路分支或多路分支。在学习分支结构前，首先要了解分支结构的基础即逻辑表达式。

1. 逻辑表达式

逻辑表达式(condition)是条件判断的方法。通过逻辑运算符判断两边数字等于、大于、小于或不等于等。若关系式条件成立，则返回 bool 值 true，否则返回 bool 值 false，例如：

```
>大于
>>> 5 > 4
#   条件成立，返回 ture

< 小于
>>> 5 < 4
# 条件不成立，返回 false

== 等于
>= 大于或等于
<= 小于或等于
! = 不等于
```

2. if 判断语句

判断语句也称为选择语句，可通过逻辑表达式的不同返回值执行不同的语句，判断语句在返回值 true 处执行一段代码或在值 false 处执行另一段代码。下列代码 2.11 中前半部分为 if 语句的公式，后半部分为 if 语句的示例。

代码 2.11

```
    #公式
if 判断语句 1:
    表达式 1
    #   若判断语句 1 返回值为 true,则执行表达式 1
elif 判断语句 2:
    表达式 2
    #若判断语句 2 返回值为 true,则执行表达式 2
else:
    表达式 3
    # 若判断语句 2 返回值为 flase,则执行表达式 3
    #示例 1
>>>var1 = 99
>>>if var1>100:
        print (var1+">100")
>>>else:
            print(var1+"<100")
    #输出字符串"99<100"

    #示例 2
>>>Var2 = 100
>>>if var2>100:
          print (var2+">100")
>>>elif var2 < 100:
       print (var2+"<100")
>>>else:
       print(var2=="<100")
    #输出字符串"100==100"
```

2.3.2 while 语句

1. while 循环

循环是重复执行某一段代码的程序语句,一般根据条件判断的结果(逻辑表达式,结果为布尔值)执行循环,当条件值为 true 时执行循环,当条件值为 false 时循环结束。

代码 2.12 为 while 语句公式和示例,前半部分为公式,后半部分为示例,需要注意的是,Python 中没有 do…while 循环。

代码 2.12

```
#公式

while 判断语句:
    判断成立就执行循环语句
```

```
#while惯例是提前定义一个变量，用于执行 while 的判断，并在循环语句中改变这个变量，以便判断语句能在循环一定次数后停止

#用 while 求一个 1，2，3...100 相加的结果
>>>sum = 0
>>>counter = 1 # 提前定义的变量
>>>while counter <= 100：
        sum = sum + counter
        counter += 1 #通过自加改变这个变量，自加到 100 时循环停止

>>>print("1 到 %d 之和为：%d" % (counter-1,sum))
```

2. while…else 循环

while…else 循环是一种循环分支结构，可以在执行循环时进行分支选择，执行不同程序段，类似其他语言的 do…while 循环，一般在循环满足终止条件时，执行 else 语句内的代码。代码 2.13 为 while…else 语句示例。

代码 2.13

```
>>>count = 0
>>>while count < 5：
        print (count，" 小于 5")
        count = count + 1
else：
        print (count，" 大于或等于 5")

    #count<5 时执行 else 段的语句，循环终止
```

运行结果如图 2.6 所示。

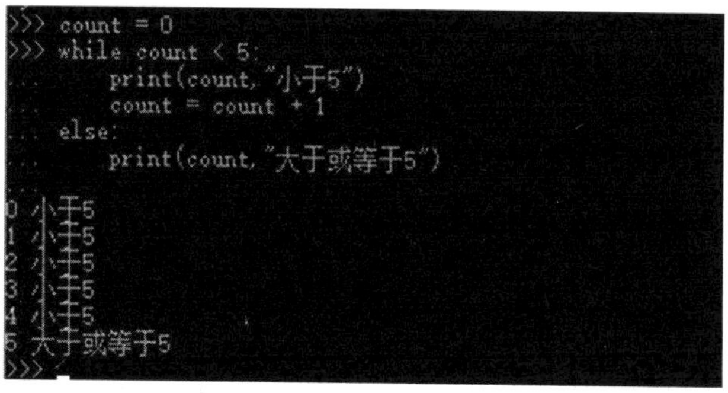

图 2.6　while 循环

2.3.3　for 循环

Python 的 for 循环可以遍历任何序列的集合，如一个列表或者一个字符串。与其他编程语言不同，Python 的 for 循环需要在循环体中指定特定集合。代码 2.14 为 for 循环语句公式。

代码 2.14

```
for <variable> in <sequence>:
    <statements>
else:
    <statements>
#<variable>是自定义的变量
#<sequence>是一个序列变量，可以是集合，列表，元祖等
```

for 循环中 range()函数的作用是生成一组含有连续整数的集合，例如：

- range(10)：生成数字 0～9。
- range(10,15)：生成数字 10～14。
- range(10,100,5)：生成 10～99 的数，每个数相差(步调为)5。

代码 2.15 为 for 循环示例。

代码 2.15

```
>>>for x in [1,2,3,4,5]: print(x)
#循环输出列表[1, 2, 3, 4, 5]中的每个元素
>>>for y in range(10,100): print(y)
#循环输出整数 10～99

>>>import time
>>>for z in range(100):
        print time.time()
#循环输出当前时间(字符串形式)一百次
```

2.4 函数

2.4.1 函数基础

函数是一系列运算集合，函数本质的是完成一个需要多次使用的功能，在使用该功能时调用函数。

在编程语言从面向过程的语言向面向对象语言过渡后，出现了类，类中定义的函数在类实例化为对象后，调用的类内的函数具有类的表现特征，因此类内函数也称为方法，方法与函数最大的区别是方法的第一个参数必须要有类或对象，可以把方法视为一种带特殊参数的函数。关于类、对象方法等知识在后续章节中会有介绍。

函数由以下四个要素组成：

(1) 函数名。函数名可区分不同函数。

(2) 参数。参数是为函数传入数据的入口，以变量的形式传入参数，为函数内的计算提供外部数据。

(3) 运算流程(函数体)。运算流程是指完成函数功能时需要执行的计算过

程，由函数内的代码实现，主要包括数据(变量)和计算(运算和流程控制构成)。

(4) 返回值。返回值是指函数计算完成后返回给函数外部的数据，也是运输后的结果。

代码 2.16 为函数公式，注意函数公式中含有的上述 4 个要素。

代码 2.16

```
def funname(arg1,arg2,...):
        body
        return result1, result2, result3
# funname 为函数名
# arg1, agr2 为参数名, Python 可自动识别变量类型, 故无需声明参数对象类型, 参数个数可以没有, 或有
#一个到多个
# body 为方法体, 就是函数完成功能的实现代码, 可以借助传入的参数作为变量, 也可以将计算结果用
#return 输出
# return 后跟函数的返回值, Python 中的返回值可以为一个或多个返回值
```

注：类里面的函数，一般第一个参数是默认存在的，参数值为调用该函数时的具体对象。

函数的四个要素中，参数、返回值和函数体不是必须存在的，但一般函数为了实现特定功能需要有函数体，而参数和返回值可以视情况选择。

代码 2.17 分别通过函数不同要素的组合，实现字符串输出和算术功能。

代码 2.17

```
    #无参数，无返回值
>>>def fun1():
       print("hello world")

>>>fun1()
    #调用 fun1()函数，输出字符串"hello world"

#有两个参数 x, y
>>>def fun2(x,y):
            z=x+y
     print(z)

>>>fun2(1, 2)
      #调用 fun2()函数，输出 x+y 的和为 3

      #无参数，有返回值
>>>def fun3():

       z=100
     return z
```

```
>>>fun3()
    #调用 fun3()函数，输出 z 的值为 100

      #有参数，有返回值(最常见的函数)

>>>def fun4(x,y,z):
      w=x+y*z
      return w
>>>fun4(1, 2, 3)
      #调用 fun4()函数。输出 1+2*3 的值
```

2.4.2 函数的重要关键字

1. lambda 表达式

lambda 表达式是一种函数的简写形式,类似匿名函数。

匿名函数是指这个函数没有名字，在使用函数时，不需要显定义函数名，例如函数只使用一次，直接定义并使用函数更为方便，lambda 就可以完成类似的功能，其表达式格式为

函数名 = lambda 参数名 1，参数名 2…：带参数的表达式

其中"："号分割参数和表达式。

代码 2.18 为 lambda 实例，通过三个例子实现 lambda 的常用操作。

代码 2.18

```
#例 1
>>>func = lambda x:x+1
>>>func(1)
#func 为函数名，x 为参数，:后是表达式
#输出 2

#例 2
>>>func2 = lambda x,y,z:x+y+z
>>>func2(1,2,3)
#输出 1+2+3 的值

#例 3
   #以下是匿名函数的形式
>>>def f(x):
>>>     return lambda y:x-y
>>>a = f(2)
  # a 是一个函数对象
>>>a(22)
#相当于变量 x 为 2，变量 y 为 22,最终结果为-20
```

例 3 的运行结果如图 2.7 所示。

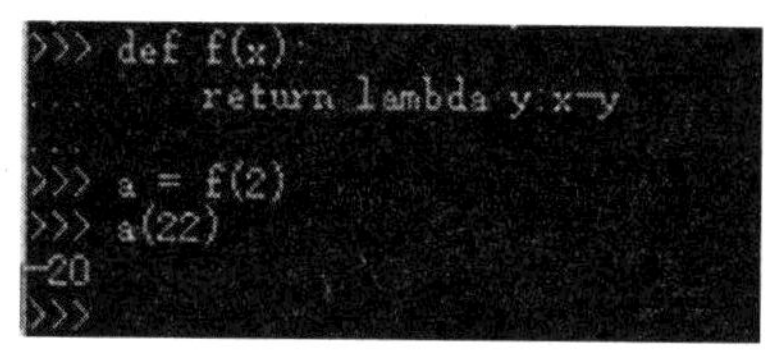

图 2.7 匿名函数

2. global 关键字

Python 函数内的变量是局部变量，在函数外不可用。如果想让一个函数内的变量在函数外可用，就需要知道 Python 这个变量的作用域是全局变量。此时用 global 关键字就可以完成这个任务。在没有 global 关键字定义变量的情况下，函数外不能修改局部变量的值。代码 2.19 为 global 关键字示例。

代码 2.19

```
>>>var = 0

>>>def fun():
  global var
  var = 5
#此处是 globa 关键字对 var 变量的声明，只有声明后，才可以在这个函数中改变
var 的值

>>>print(var)
  #var 的值 0
>>>fun()
>>>print(var)
  #var 的值为 5
  #如果不加 global 声明，第二次打印 var 的值还是 0
```

3. yield 关键字(生成器)

迭代器和生成器是一种遍历数据的核心概念，其遵从迭代器协议和生成器协议。

1）迭代器协议

（1）对象需要提供 next 方法，它返回迭代中的下一项，如果无法返回，就会引起一个 Stopiteration 异常，以终止迭代。

（2）可迭代对象就是实现了迭代器协议的对象。

（3）协议是一种约定，可迭代对象能够实现迭代器协议，Python 的内置工具(如 for 循环，sum，min，max 函数等)可使用迭代器协议访问对象。

（4）通过 dir()查看是否实现_iter_，即迭代器协议。

2）生成器协议

（1）生成器可以不立即返回全部结果，而是需要时逐个返回结果，因此生成器能够自动实现迭代器协议。

(2) 在函数里添加 yield 代替 return，yield 一次返回一个结果。

代码 2.20 为生成器表达式示例，通过生成器创建列表，并遍历列表。

代码 2.20

```
squares1 = [x * * 2 for x in range(5)]
#结果，一个列表

squares2 = (x * * 2 for x in range(5))
#生成器 next(squares2)

next(squares2)
#通过生成器遍历数据
```

代码 2.21 为 yield 关键字示例，通过 yield 关键字实现数据遍历。

代码 2.21

```
>>>def fab1(max):
        n, a, b = 0, 0, 1
        while n < max:
                print (b)
                a, b = b, a +b
                n = n + 1
>>>fab1(5)

>>>def fab2(max):
        n, a, b = 0, 0, 1
        while n < max:
                yield b
                # print b
                a, b = b, a + b
                n = n + 1
>>>y = fab2(5)
>>> for i in y:
        print (i)
#循环输出迭代器
#两个函数代码结果相同
```

代码 2.21 中，yield 与迭代器、生成器的关系有以下三点：

(1) yield 的作用就是把一个函数变成一个迭代器(generator)，带有 yield 的函数不再是一个普通函数，Python 解释器会将其视为一个 generator，调用 fab2(5) 不会执行 fab2 函数，而是返回一个 iterable 对象。

(2) 在循环执行时，每次循环都会执行 fab2()函数内部的代码，执行到 yield b 时，fab2()函数就返回一个迭代值，下次迭代时，代码从 yield b 的下一条语句继续执行，而函数的本地变量看起来和上次中断执行前的变量是完全一样的，于是函数继续执行，直到再次遇到 yield。

(3) 改写 fab1()函数时，如果通过返回 List 来满足复用性的要求，则 fab1()函数在运行中占用的内存会随着参数 max 的增大而增大；如果要控制内存占用，最好不要用 List 来保存中间结果，而是通过 iterable 对象来迭代。

2.5 编程实战

本章讲述的是编程基本功，虽然随着类和对象的引入，编程逐渐由面向过程转变为面向对象编程。但是在日常开发中，特别是有一定难度的研发类编程，往往存在部分细节和难点是需要通过这些编程基本功解决的，其本质是用编程的手段对问题进行数学和逻辑的量化，并最终实现，也就是算法实现。

与其他编程语言不同的是，Python 编程语法格式较为简练，极大减少解决问题的编码成本，让使用者更关注于问题本身，效率更高。编程能力核心是应用算法和数据结构处理实际问题的能力，也是计算机专业从业者在就业和升学时，招聘单位着重考察应聘者的实践能力之一。现举例如下：

题 1 打印所有不超过 n(n<256)的，其平方具有对称性质的数，如 11＊11=121。(北京理工大学计算机研究生复试上机题)

提示：对称性质的数也称回文(见代码 2.22)，就是反过来写还是和原义一样，利用这个性质可以解出本题。同时同一类问题有多种解法，读者可以自己总结归纳。

代码 2.22

```
for n in range(1,256):
        if    str(n * * 2) ==str(n * * 2)[::-1]:
                print(n)
```

题 2 某人有 8 角的邮票 5 张，1 元的邮票 4 张，1 元 8 角的邮票 6 张，用这些邮票中的一张或若干张可以得到多少种不同的邮资？(北京理工大学计算机研究生复试上机题)

提示：这类问题类似排列组合(见代码 2.23)，数学中的排列组合可以用多重循环来解决。

代码 2.23

```
L=[]
for i in range(6):
        for j in range(5):
                for k in range(7):
                        L.append(i * 8 + j * 10 + k * 18)
print(len(set(L))-1)
```

题 3 写出一个程序，接受一个十六进制的数值字符串，输出该数值的十进制字符串。如输入 0xA，输出 10。(华为公司校园招聘机试题)

提示：二进制、十六进制是计算机领域常用的数字进制，需要掌握它们和十进制的换算规律(见代码 2.24)。

代码 2.24

```
while True:
        try:
                string = input()
                print(int(string, 16))
        except:
                    break
                            L.append(i * 8 + j * 10 + k * 18)
print(len(set(L))-1)
```

题 4 小明参加了一场考试,考试包括 n 道判断题,每做对一道题获得 1 分,小明考试前完全没有准备,所以考试只能看缘分了。小明在考试中一共猜测了 t 道题目的答案是"正确",其他的猜为"错误"。考试结束后牛牛知道实际上 n 道题中有 a 个题目的答案应该是"正确",但是牛牛不知道具体是哪些题目,小明希望你能帮助他计算可能获得的最高的考试分数是多少。

其中,输入一行中有三个正整数,包括:n,t,a(1≤n,t,a≤50),以空格分割,输出可能达到的最高分。(网易公司计算机研发类岗位笔试题)

提示:抓住题目只有正确和错误两种可能,其次有 n 道题每题 1 分,可以推导出:

最大分数=正确题目判断对的+错误题目判断对的。具体见代码 2.25 所示。

代码 2.25

```
x = list(map(int,input().split(' ')))
n = x[0]
t = x[1]
a = x[2]
if t >= a:
        print(a+n-t)
else:
        print(t+n-a)
```

上述四道编程题来自实际的升学和就业面试题,读者可以上网查找更多解法和思路。同时可以发现,Python 解决编程问题较其他语言更为简练,其他语言也能解决上述问题,但解决代码的行数和语言本身的内容要比 Python 多,不过解决问题的思路是一致的。

本章小结

本章介绍了程序设计语言的基本原理,以 Python 语言为例,包括与其他语言的不同和自身的特征,并介绍了 Python 语言下程序设计开发的基本要素,包括基础变量、流程控制、函数等,最后介绍了集合型变量字符串的相关操作。

课后作业

一、单项选择题

1. Python 基础变量不包括(　　)。

A. 整数　　B. 浮点数　　C. 字符串　　D. 对象

2. Python 流程控制中不包含以下哪个语句。(　　)

A. If 语句　　B. while 语句　　C. for 语句　　D. go to 语句

3. 下列对列表 a=[1,2,3]的操作中，哪一项可以使列表逆序。(　　)

A. a=a[::-1]　　B. a=a[:-1]　　C. a=a[:1]　　D. a=a[-1]

4. 关于方法和函数以下说法错误的是(　　)。

A. 方式就是函数

B. 方法必须要有一个参数

C. 方法和类对象有关

D. 方法是一种特殊函数，是函数面向对象的一种扩展

5. 以下关于 Python 基础变量类型正确的是(　　)。

A. Python 基础变量类型包括构造体

B. Python 定义变量时无需指定变量类型

C. Python 变量不可以相互转换

D. Python 基础变量没有集合型变量

参考答案： 1. D　2. D　3. A　4. A　5. B

二、简答题

1. 尝试编写一个 Python 程序，用三种方法实现列表 a=[2,1,3,5,6]的逆序?

2. 尝试编写一个 Python 程序，判断一个列表 a=[2,1,4,5,6]的各个元素整数是奇数还是偶数，并将其调整为升序 a=[1,2,4,5,6]。

第3章
类和对象

◆ 学习目标

掌握面向对象编程的主要概念
掌握类的基本构成，包括属性和方法
了解类变量的主要类型
了解类的内置成员
掌握类的实例化对象操作方法
掌握面向对象特征的应用与实现

◆ 本章重点

类的属性
类的方法
面向对象的概念
面向对象的实现

本章主要围绕面向对象编程，包括类、类中属性和类方法。类中属性和类方法包括系统自带的属性和方法，以及用户自定义的属性和方法，同时还有构造方法、各类属性等。同时本章通过类和对象的知识，运用 Python 实现面向对象的三大特征，包括继承、封装、多态等。

3.1 类

面向对象是当代编程的一种重要思想。

随着互联网和软件技术的发展，程序由过去的面向过程转为面向对象编程，引入类和对象的概念就是面向对象的核心。

类是一种高级的数据结构，包含了多种类型数据，同时类与其他基础数据类型(参看 2.2 节)不同的是，类内可以有“函数”，类中的函数除了第一个参数必须是类生成的对象外，其他行为和普通函数类似，因此类通过“函数”的功能，可以具有一定的“行为”。

类相当于是一个数据结构的模板，通过定义类内的不同数据类型和函数，形成一个更加丰富的数据结构。若要使用该数据结构，可以通过类生成该类的对象，通过操作对象的属性和方法达到使用类的目的。

面向对象(Object Oriented，简称 OO)是一种程序开发方式，也是一种以事物为中心的编程思想。面向对象的方法主要是把事物对象化，对象包括属性与行为。该方法将对象作为程序的基本单位，将程序和数据封装在其中，以提高软件的灵活性、重用性和扩展性。

面向过程(Procedure Oriented)是一种以过程为中心的编程思想。就是分析出解决问题所需要的步骤，然后用函数一步一步实现这些步骤，使用时依次调用就可以了。面向过程其实是最为实际的一种思考方式，面向对象的方法也含有面向过程的思想。可以说，面向过程是一种基础的方法，它考虑的是具体的实现，一般来说，面向过程是从上往下步步求精的。

3.1.1 类成员

类主要由变量和函数组成，这区别于其他基础数据结构(参见 2.2 节)，同时类中的变量和函数与普通的变量和函数不同，其具有类的特征。

在类中生成多个对象时，需要为不同的对象添加一个引用(类似指针)以区分不同的对象，因此类中的变量和函数也具有该对象的引用。为区别类中变量和函数与普通变量和函数，通常把类中的变量称为属性，类中的函数称为方法。

类的结构图如图 3.1 所示，类中的变量和函数，就是存储数据和操作类数据的方法。同时 Python 中的变量和函数可以相互转换，也就有方法属性。

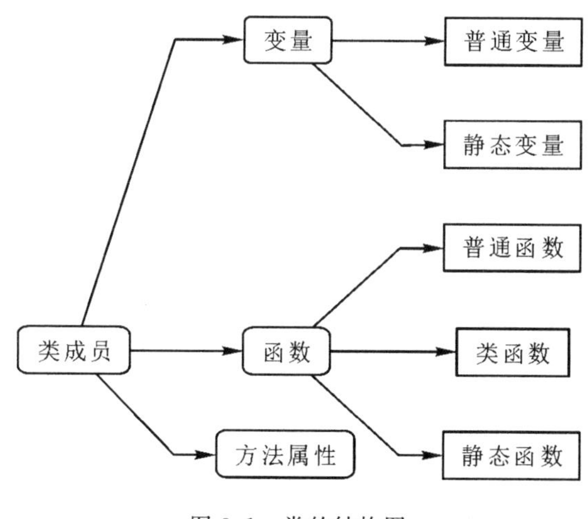

图 3.1 类的结构图

3.1.2 属性

类中的变量称为属性，部分书籍中也称为字段，是类的数据结构中保存不同类型数据的方式，用户创建的变量可分为普通变量和静态变量。用户自定义的类都继承于一个系统定义的基类，因此任何类所含有基类的属性，在 Python 中称为内置变量。

按类操作权限分类，可分为私有属性、保护属性和公共属性。类中函数_init_(self)是类的构造函数，用于类生成对象时初始化对象。按类对象的存储方式分类，可分为普通变量与静态变量，其区别如下：

(1) 普通变量属于对象(每个对象都存一份)。

(2) 静态变量属于类(就类存有一份)。

代码 3.1 和代码 3.2 为普通变量和静态变量示例，其中 class A 包括静态变量、构造方法和普通方法等，

代码 3.1

```
>>>class A:
        x = 'x' #静态变量
        def _init_(self): #构造方法
                self.y = 'y' #普通变量

        def f1(self): #普通方法，无参数
            print("aaa")

        def f2(self,name): #普通方法，有参数
            print('my name is %s'%name)

>>>obj = A()
        #实例化对象，对象变量为 obj1，构造对象时会使用构造函数

        obj.f1()
        #对象调用 f1()
        obj.f2('aaa')
        #对象调用 f2()，参数必须为字符串，否则会报错
```

运行结果如图 3.2 所示。

代码 3.2

```
>>>class Province:
        country = 'china'
        #静态字段

        def _init_(self,name):
            self.name=name
```

```
        #普通字段

>>>obj = Province('chongqin')

>>>obj.name
#访问普通字段

>>>Province.country
        #Province.name
        #类可以访问静态字段，但不能访问普通字段
```

```
>>> class A:
...     x = 'x'
...     def __init__(self):
...             self.y = 'y'
...     def f1(self):
...             print('aaa')
...     def f2(self,name):
...             print('my name is %s'%name)
...
>>> obj = A()
>>> obj.f1()
aaa
>>> obj.f2()
Traceback (most recent call last):
  File "<stdin>", line 1, in <module>
TypeError: f2() missing 1 required positional argument: 'name'
>>> obj.f2(aaa)
Traceback (most recent call last):
  File "<stdin>", line 1, in <module>
NameError: name 'aaa' is not defined
>>> obj.f2('aaa')
my name is aaa
>>>
```

图 3.2　类示例 1

运行结果如图 3.3 所示。

```
>>> class Province:
...     country = 'china'
...     def __init__(self,name):
...             self.name=name
...
>>> obj = Province('chongqin')
>>> obj.name
'chongqin'
>>> Province.country
'china'
>>>
```

图 3.3　类示例 2

3.1.3　函数(方法)

和面向对象中的函数不同，在类中定义的函数称为方法。通过方法，让类这

种数据结构具有“运动”的特征，即类不仅可以保存数据，也可以操作处理数据，其中操作处理数据是通过类中方法实现的。类中的方法可分为普通方法、类方法、静态方法和类自带方法(即内置方法)四种。

(1) 普通方法。普通方法由对象调用，至少有一个 self 参数代表类具体生成的对象，代码执行方法时会自动调用类具体生成的对象给该方法。

(2) 类方法。类方法由类调用，至少有一个 cls 参数代表该类，代码执行时自动调用 cls 给该方法，类方法需要通过装饰器@classmethod 标注。

(3) 静态方法。静态方法由类调用，无默认参数，静态方法需要通过装饰器@staticmethod 标注。

(4) 内置方法。内置方法为类默认生成的方法，完成类实现对象的特征功能，用户可以重新写自带方法覆盖原有类自带方法。类方法名左右两边都有双下划线，如构造方法_init_()。

代码 3.3 中实践了普通方法、类方法以及静态方法。

代码 3.3

```
class Foo：
    def _init_(self,name)：
        self. name = name

    #普通方法
    def ord_func(self)：
        print(普通方法)

    #类方法
    @classemethod
    def class_func(cls)：
        print(类方法)

    #定义静态方法
    @staticmethod
    def static_func()：
        print(静态方法)

#调用普通方法
f = Foo()
f. ord_func()

#调用类方法
Foo. class_func()

#调用静态方法
Foo. static_func()
```

3.1.4 旧式类和新式类

从 Python2.2 开始，Python 引入了新式类（New Style Class），在 Python3 中的默认类都是新式类，新式类和 Java 中的类很像，都继承一个根类 Object。新式类跟经典类的区别可总结为以下几点：

（1）新式类类似 Java，有一个根类 Object，所有类都继承根类 Object。

（2）新式类同父类一样只执行一次构造函数，旧式类（经典类）会执行所有继承的父类构造函数，这可能造成相同的构造函数重复执行多次。

（3）在类继承中，子类对基类搜索顺序不同，经典类采用 MRO 算法进行深度优先搜索，新式类采用 C3 算法进行广度优先搜索。

（4）旧式类的对象是通过 instance 的内建类型来实现的，类名和 type 无关。例如，设 x 是一个旧式类，那么 x._class_定义了 x 的类名，type(x)返回<type 'instance'>。新式类为了统一类和实例，对象可以直接通过_class_属性获取自身类型：type，type(x)和 x._class_结果是一样的，同时新式类的自带_class_()方法允许被用户覆盖。

（5）Python 2.x 中默认的都是经典类，只有显式继承了 Object 才是新式类，Python 3.x 中默认的都是新式类，经典类被移除，不必显式地继承 Object。

代码 3.4 展示了新式类和旧式类，分别通过继承新式类和继承旧式类，查看子类继承父类后，子类在生成对象时的执行顺序。

代码 3.4

```
    #新式类
    class A1(object):
    def foo(self):
        print('class A1')

    #旧式类
class A2():
    def foo(self):
        print('class A2')

    #继承新式类
class C1(A1):
    pass

    #继承旧式类
class C2(A2):
    pass

class D1(A1):
    def foo(self):
```

```
        print('class D1')

class D2(A2):
    def foo(self):
        print('class D2')

class E1(C1, D1):
    pass

class E2(C2, D2):
    pass

e1 = E1()
e1.foo()
#通过实例化类 E1,用对象 e1 查看新式类的基类搜索顺序

e2 = E2()
e2.foo()
#通过实例化类 E2,用对象 e2 查看旧式类的基类搜索顺序
```

新式类增加了_slots_内置属性，可以把实例属性的种类锁定到_slots_规定的范围之中，比如只允许对实例添加 name 和 age 属性。同时新式类增加了_getattribute_方法，可以获得类属性。

代码 3.5 展示了新式类的_slots_内置属性和_getattribute_内置方法。

代码 3.5

```
    # -*- coding:utf-8 -*-

class A1(object):
   _slots_= ('name', 'age')

class A2():
    _slots_= ('name', 'age')

a1 = A1()
a2 = A2()

a1.name1 = "a1"
a2.name1 = "a2"

#A1 是新式类添加了_slots_属性,所以只允许添加 name age
#A2 经典类_slots_属性没用

    class A1(object):
    def _getattribute_(self, *args, **kwargs):
```

```
        print "A. _getattribute_"

class A2():
    def _getattribute_(self, * args, * * kwargs):
        print "A1. _getattribute_"

a1 = A1()
a2 = A2()

a1. test
a2. test
    # 调用内置 test 属性测试内置_getattribute_方法

# A1 是新式类，每次通过实例化类访问属性，都会经过_getattribute_函数，
# A1 不会调用_getattribute_所以出错了
```

3.1.5　函数属性化

Python 类中的方法有时可以转换为属性，从而使函数属性化。通过装饰器，函数可以像属性一样调用，但需要遵循以下三点：

（1）用@property 装饰器定义函数。

（2）函数仅有一个 self 参数。

（3）调用时无需参数括号。

代码 3.6 展示了用装饰器定义旧式类的属性使用方法。

代码 3.6

```
# -*- coding:utf-8 -*-

#旧式类
class Foo:
    def func(self):
        pass

    # 定义属性
    @property
    def prop(self):
        print('abc')

foo_obj = Foo()
foo_obj. func()
foo_obj. prop
#调用属性
```

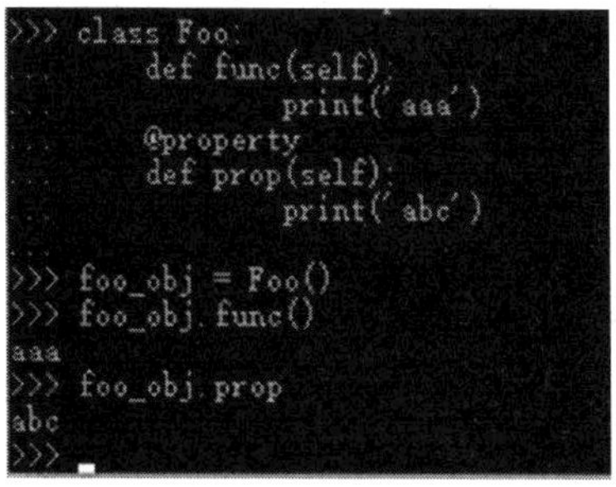

```
>>> class Foo:
...     def func(self):
...             print('aaa')
...     @property
...     def prop(self):
...             print('abc')
...
>>> foo_obj = Foo()
>>> foo_obj.func()
aaa
>>> foo_obj.prop
abc
>>>
```

图 3.4　旧式类属性

运行结果如图 3.4 所示。

新式类中的属性方法可以有三种访问方式，根据各属性的访问特点，分别将三个通过装饰器定义的方法对应到同一个属性方法上，实现属性方法的三个功能：获取，修改和删除。

代码 3.7 和代码 3.8 分别展示了新式类的属性方法，其中代码 3.7 使用了装饰器，代码 3.8 使用了构造方法，虽然名称都是 property，但实现方式不同。

代码 3.7

```
# -*- coding:utf-8 -*-

class Goods(object):

    @property
    def price(self):
        print '@property'

    @price.setter
    def price(self, value):
        print '@price.setter'

    @price.deleter
    def price(self):
        print '@price.deleter'

obj = Goods()

obj.price
    # 自动执行@property 修饰的 price 方法，并获取方法的返回值

obj.price = 123
    # 自动执行@price.setter 修饰的 price 方法，并将 123 赋值给方法的参数

del obj.price
    # 自动执行@price.deleter 修饰的 price 方法
```

通过 property 的构造方法(静态变量方式)可实现属性方法，其中有以下四个参数：

(1) 第一个参数是方法名，调用“对象．属性”时，自动触发执行方法。

(2) 第二个参数是方法名，调用“对象．属性＝XXX”时，自动触发执行方法。

(3) 第三个参数是方法名，调用“del 对象．属性”时，自动触发执行方法。

(4) 第四个参数是字符串，调用“对象．属性．doc”时，此参数是该属性的描述信息。

代码 3.8

```
# -*- coding:utf-8 -*-
```

```
class Foo:

    def get_bar(self):
        return 'wupeiqi'

    #必须有两个参数
    def set_bar(self, value):
        return 'set value' + value

    def del_bar(self):
        return 'wupeiqi'

    BAR = property(get_bar, set_bar, del_bar, 'description...')

obj = Foo()

obj.BAR
#自动调用第一个参数中定义的方法：get_bar

obj.BAR = "alex"
#自动调用第二个参数中定义的方法：set_bar 方法，并将“alex”当作参数传入

del Foo.BAR
#自动调用第三个参数中定义的方法：del_bar 方法

obj.BAE._doc_
#自动获取第四个参数中设置的值：description...
```

3.2　类变量(属性)扩展

根据面向对象的编程思想，设计类时需要考虑高内聚和低耦合的原则，也就是一个类负责完成一个功能，其对外部代码不可见，只能通过指定函数访问类内数据，类内部可修改或添加数据，从而实现不同类之间关联度低，类内的数据关联度高。

Python 可设定类变量的不同访问权限，以实现类外低耦合和类内高内聚的原则。按照变量不同访问权限的方法，可以将类内变量分为以下三类：

(1) 普通变量。在类函数中的变量，类实例可以访问、类内实例可以访问、派生类实例中可以访问。

(2) 保护变量。变量前加单下划线“_”，Python 和普通变量一样，但编程习惯中约定其仅在内部访问。

(3) 私有变量。变量前加“_”，仅在类内部能够访问。

注：若以上变量为静态变量，则这些变量都具有静态变量特征。

3.2.1 静态变量

静态变量也叫全局变量，无需实例化就可以存在，类本身可以访问、类内部可以访问、派生类中也可以访问。

代码3.9展示了静态变量即全局变量的用法。

代码3.9

```
# -*- coding:utf-8 -*-
classA:

    name="全局变量"

    def func(self):
        print(self.name)

class B(A):

    def show(self):
        print(self.name)

A.name
    #类访问

obj = A()
obj.func('aaa')
    #类内部可以访问，输出aaa

obj_son = B()
obj_son.show('bbb')
    #派生类中可以访问，输出bbb
```

3.2.2 私有静态变量

私有静态变量仅在类内部可以访问，例如代码3.10。

代码3.10

```
# -*- coding:utf-8 -*-
classA:

    _name = "私有静态变量"

    def func(self):
        print(self._name)

class B(A):
```

```
    def show(self):
        print(self._name)

# A._name
    #类访问，错误

obj = A()
obj.func('aaa')
    # 类内部可以访问，正确，输出 aaa

obj_son = B()
# obj_son.show('bbb')
    # 派生类中可以访问，错误
```

3.2.3 普通变量

普通变量可在类内部、派生类中、类对象中访问，也可在派生类对象中访问，如代码 3.11 所示。

代码 3.11

```
# -*- coding:utf-8 -*-
class A:

def _init_(self):
    self.foo = "普通变量"

def func(self):
    print(self.foo)
    #类内部访问

class A(B):

def show(self):
    print(self.foo)
    #派生类中访问

obj = A()

obj.foo
    #通过对象访问

obj.func()
    #类内部访问
```

```
obj_son = B();

    obj_son. foo
    #派生类对象中访问

obj_son. show()
    #派生类中访问
```

3.2.4 普通私有变量

普通私有变量仅可在类内部访问，如代码 3.12 所示。

代码 3.12

```
    # -*- coding:utf-8 -*-
    classA:

    def _init_(self):
        self. _foo = "私有字段"

    def func(self):
        print(self. foo)   #   类内部访问

class B(A):

    def show(self):
        print(self. foo)   #   派生类中访问

obj = B()

obj. _foo
    #通过对象访问，错误

obj. func()
    #类内部访问，正确

obj_son = B();
obj_son. show()
    #派生类中访问，错误
```

注：如果想要强制访问私有字段，可以通过“对象．_类名_私有字段名”访问，例如：

```
obj. _C_foo
```

因此 Python 没有严格意义上的私有成员，仅在编程习惯中不建议强制访问私有成员。

3.3 类的内置成员

类的特殊成员包括特殊变量(内置属性)和特殊方法，它们是系统定义的，不需要用户定义，一般具有普通变量和方法所不具有的特殊功能。例如：

(1) _doc_：表示类的描述，如代码 3.13 所示。

代码 3.13

```
# -*- coding:utf-8 -*-
class Foo:
    """ 描述类信息，这是用于看片的神奇 """

    def func(self):
        pass

print(Foo._doc_)

#输出：类的描述信息
```

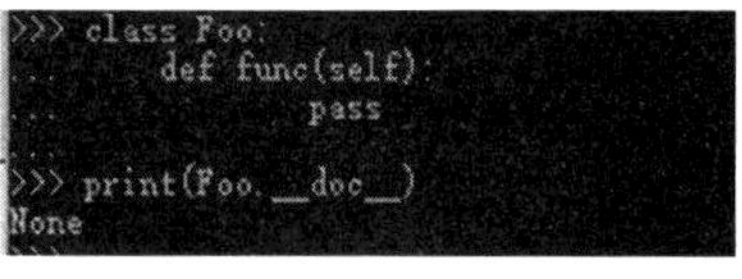

图 3.5 内置属性

运行结果如图 3.5 所示。

(2) _module_：表示当前操作对象所在的模块。模块是指组织函数和类的单位(类似 java 的一类一文件，有时不同模块可能有同名函数)，例如：

print(obj._module_) #输出对象所在模块

(3) _class_：表示当前操作对象是由什么类生成的。例如：

print(obj._class_) #输出对象所在类

(4) _init(self, …)_：构造方法，也称为构造函数，在类创建对象时自动执行。

(5) _del(self, …)_：析构方法，当对象在内存中释放时，自动触发执行。此方法一般无需定义。因为 Python 是一门高级语言，程序员在使用时无需关心内存的分配和释放，此工作都交给 Python 解释器来执行，所以，析构函数的调用是由解释器在进行垃圾回收时自动触发执行的。

(6) _call(self, …)_：除析构方法外，执行对象的另一种特殊方法，对象加括号执行，代码 3.14 展示了构造函数和_call_方法的用途。

代码 3.14

```
# -*- coding:utf-8 -*-
    class Foo:

    def _init_(self):
        pass

    def _call_(self, *args, **kwargs):

        print '_call_'
```

```
obj = Foo()
    #执行 _init_

obj()
    #执行 _call_
```

(7) _dict_：显示类(静态变量、方法)和对象(普通字段)的所以成员，例如代码 3.15 所示。

代码 3.15

```
# -*- coding:utf-8 -*-
class Province:

    country = 'China'

    def _init_(self, name, count):
        self.name = name
        self.count = count

    def func(self, *args, **kwargs):
        print 'func'

# 获取类的成员，即：静态字段、方法、
print Province._dict_
# 输出：{'country': 'China', '_module_': '_main_', 'func': , '_init_': , '_doc_': None}

obj1 = Province('HeBei',10000)
print obj1._dict_
# 获取 对象 obj1 的成员
# 输出：{'count': 10000, 'name': 'HeBei'}

obj2 = Province('HeNan', 3888)
print obj2._dict_
# 获取 对象 obj1 的成员
# 输出：{'count': 3888, 'name': 'HeNan'}
```

(8) _str_：如果一个类中定义了_str_方法，那么在打印(print)对象时，默认输出该方法的返回值。

(9) _getitem_、_setitem_、_delitem _：用于对象的索引操作，如字典。以上分别表示获取、设置、删除数据，例如代码 3.16 所示。

代码 3.16

```
# -*- coding:utf-8 -*-
class Foo(object):
```

```
    def _getitem_(self, key):
        print '_getitem_',key

    def _setitem_(self, key, value):
        print '_setitem_',key,value

    def _delitem_(self, key):
        print '_delitem_',key

obj = Foo()

result = obj['k1']          # 自动触发执行 _getitem_
obj['k2'] = 'wupeiqi'       # 自动触发执行 _setitem_
del obj['k1']               # 自动触发执行 _delitem_
```

(10) _getslice_、_setslice_、_delslice_：用于对象的分片操作，如代码 3.17 所示，分别为获取、设置、删除数据。

代码 3.17

```
    # -*- coding:utf-8 -*-
    class Foo(object):

    def _getslice_(self, i, j):
        print '_getslice_',i,j

    def _setslice_(self, i, j, sequence):
        print '_setslice_',i,j

    def _delslice_(self, i, j):
        print '_delslice_',i,j

obj = Foo()

obj[-1:1]                      # 自动触发执行 _getslice_
obj[0:1] = [11,22,33,44]       # 自动触发执行 _setslice_
del obj[0:2]                   # 自动触发执行 _delslice_
```

(11) _iter_:迭代器，可用迭代器完成集合型数据的遍历功能，如代码 3.18 所示。

代码 3.18

```
    # -*- coding:utf-8 -*-
    # # case 1:

class Foo(object):
    pass
```

```
obj = Foo()

for i in obj:
    print i

# 报错：TypeError：'Foo' object is not iterable

## case 2:

class Foo(object):

    def _iter_(self):
        pass

obj = Foo()

for i in obj:
    print i

# 报错：TypeError：iter() returned non-iterator of type 'NoneType'

## case 3:

class Foo(object):

    def _init_(self, sq):
        self.sq = sq

    def _iter_(self):
        return iter(self.sq)

obj = Foo([11,22,33,44])

for i in obj:
    print i
    迭代的变种
    obj = iter([11,22,33,44])

for i in obj:
    print i

############################
obj = iter([11,22,33,44])

while True:
    val = obj.next()
```

```
print val
```

3.4 类的实例化

类的实例化可以生成对象，其需要通过内置函数实现。以下着重介绍这类内置函数，以及其在类生成对象时的作用。

1. _call_方法

类的实例化主要通过_init_()函数和_call_()函数实现，其中_init_()较为常用，call()方法是一种让类像函数一样使用的特殊方法，其示例如代码 3.19 所示。

代码 3.19

```
    # -*- coding:utf-8 -*-
    class MyType(type):

    def _init_(self, what, bases=None, dict=None):
        super(MyType, self)._init_(what, bases, dict)

    def _call_(self, *args, **kwargs):
        obj = self._new_(self, *args, **kwargs)

        self._init_(obj)

class Foo(object):

    _metaclass_= MyType

    def _init_(self, name):
        self.name = name

    def _new_(cls, *args, **kwargs):
        return object._new_(cls, *args, **kwargs)

# 第一阶段：解释器从上到下执行代码创建 Foo 类
# 第二阶段：通过 Foo 类创建 obj 对象
obj = Foo()
```

2. _new_方法

(1) 继承 object 的新式类，才有_new_。

(2) 虽然_new_方法接受的参数和_init_一样，但_init_是在类实例创建之后调用的，而_new_方法正是创建这个类实例的方法。

(3) 当继承一些不可变的 class 时(比如 int，str，tuple)，_new_方法提供给用户一个自定义这些类的实例化过程的途径，从而实现自定义的 metaclass。其示例如代码 3.20 所示。

代码 3.20

```
    # -*- coding:utf-8 -*-
    #创建一个类，继承 int，并返回绝对值
class PositiveInteger(int):
    def _init_(self, value):
        super(PositiveInteger, self)._init_(self, abs(value))

i = PositiveInteger(-3)
print i
#结果还是-3

class PositiveInteger(int):
    def _new_(cls, value):
        return super(PositiveInteger, cls)._new_(cls, abs(value))

i = PositiveInteger(-3)
print i
#结果是 3
    #因为类的每一次实例化都是通过_new_实现的，即通过重载类来实现
    class Singleton(object):
    def _new_(cls):
        # 关键在于，每一次实例化的时候，都只会返回同一个 instance 对象
        if not hasattr(cls, 'instance'):
            cls.instance = super(Singleton, cls)._new_(cls)
        return cls.instance

obj1 = Singleton()
obj2 = Singleton()

obj1.attr1 = 'value1'
print(obj1.attr1, obj2.attr1)
print(obj1 is obj2)
```

3.5 面向对象编程

面向对象编程主要指以对象为数据和操作主体的编程形式，在编程习惯和观念上需与面向过程编程中的函数式编程相区别。在面向过程编程中，问题被看作一系列需要完成的任务，函数则用于完成这些任务，解决问题的焦点集中于函数。

面向对象编程是在面向过程编程之后产生的一种编程思想，是以对象作为基本程序结构单位的程序设计语言，其代码描述和设计以对象为核心，即对象是程序运行时的基本成分。在对象的不同操作中，其逻辑关系和操作特征可以总结为面向对象编程的三大特征，即“继承”、“封装”和“多态”。

3.5.1 继承

继承是实现子类继承父类的方法和属性，如代码 3.21 所示。通过一个"动物"的父类，让"猫"类和"狗"类分别继承，实现以"动物"为共性的代码得以复用。

代码 3.21

```
        # -*- coding:utf-8 -*-
        class Animal:

        def eat(self):
            print("%s 吃 "%self.name)

        def drink(self):
            print("%s 喝 " %self.name)

    ...

    ...
    class Cat(Animal):

        def _init_(self, name):
            self.name = name
            self.breed = '猫'
            #属性不必再单独定义

        def cry(self):
            print '喵喵叫'

    class Dog(Animal):

        def _init_(self, name):
            self.name = name
            self.breed = '狗'

        def cry(self):
            print '汪汪叫'
```

3.5.2 多继承

多继承即一个类继承多个类，从而具有多个类的数据和特征。不同编程语言对多继承的支持是不同的，如 Java 不支持多继承，而 C++支持多继承。

虽然 Python 支持多继承，但是 Python 支持的多继承是有限的，需要注意多继承中子类继承父类时不同父类的查找顺序。

Python 多继承的特点如下：

(1) 可以继承多个类。

(2) 继承类分为经典类和新式类。

(3) 当前类或者父类继承了 object 类，那么该类便是新式类，否则便是经典类。

(4) 经典类时，多继承会按照深度优先查找覆盖方法。

(5) 新式类时，多继承会按照广度优先查找覆盖方法。

(6) 子类中，super()可以调用父类的属性和方法。

调用 super()的示例如代码 3.22 所示。

代码 3.22

```
    # -*- coding:utf-8 -*-
    class Parent(object):
    def _init_(self):
        self.parent = 'I\'m the parent.'
        print ('Parent')

    def bar(self,message):
        print ("%s from Parent" %message)

class Child(Parent):
    def _init_(self):
        #super(FooChild,self)._init_() //Python2 语法
        super()._init_()
        print ('Child')

    def bar(self,message):
        #super(FooChild, self).bar(message)//这里是 Python2 的语法
        super().bar(message)
        print ('Child bar fuction')
        print (self.parent) #继承父类属性

C = Child()
C.bar('HelloWorld')

#执行结果:
#Parent
#Child
#HelloWorld from Parent
#Child bar function
#I'm the parent
```

继承顺序示例如代码 3.23 所示。

代码 3.23

```
    # -*- coding:utf-8 -*-
    class A:
    def say(self):
        print("A Hello:", self)
```

```
class B(A):
    def eat(self):
        print("B Eating:", self)

class C(A):
    def eat(self):
        print("C Eating:", self)

class D(B, C):
    def say(self):
        super().say()
        print("D Hello:", self)
    def dinner(self):
        self.say()
        super().say()
        self.eat()
        super().eat()
        C.eat(self)

d = D()
d.eat()
C.eat(d)
D._mro_        #类的一个继承顺序
d.dinner()
```

3.5.3 封装

在面向对象程序设计方法中，封装是指在类的实现过程中，把细节部分包装、隐藏起来，让使用者无法直接访问或修改类内数据，甚至无法知道类内具体结构的方法。

封装可以被认为是一个保护屏障，防止该类的代码和数据被外部类定义的代码随机访问。若要访问该类的代码和数据，必须通过严格的接口控制。封装的主要功能在于能够修改自己的实现代码，而不用修改那些调用自己代码的程序片段。适当的封装可以让程序代码更容易理解与维护，也加强了程序代码的安全性。

实现封装，主要是设置类中属性和方法的读写访问级别，对要保护的数据设定禁止访问关键字，仅公开可操作数据的接口，让类内数据受到保护。

Python 对封装的支持相对简单，并没有对应的语法可以实现类内数据的访问权限控制，也不能真正阻止用户访问类内属性。Python 要想与其他编程语言一样严格控制属性的访问权限，只能借助内置方法如_getattr_，相关内容在本书 4.3 节中有介绍。

广义的封装特性如代码 3.24 所示，被“封装”的数据只能通过对象间接调用，如代码中类 A 的“name”和“age”属性：

代码 3.24

```
# -*- coding:utf-8 -*-
classA:
  #构造方法，根据类创建对象时自动执行
    def _init_(self,name,age):
        self. name = name
        self. age = age
    def f1(self):
        print(self. name,self. age)

#自动执行_init_方法
obj = A('anda',28)

obj. f1()    #obj将self作为参数传递给f1(),因此self就是obj1，实现self的间接调用
print(obj. name) #直接调用对象属性
```

运行结果如图 3.6 所示。

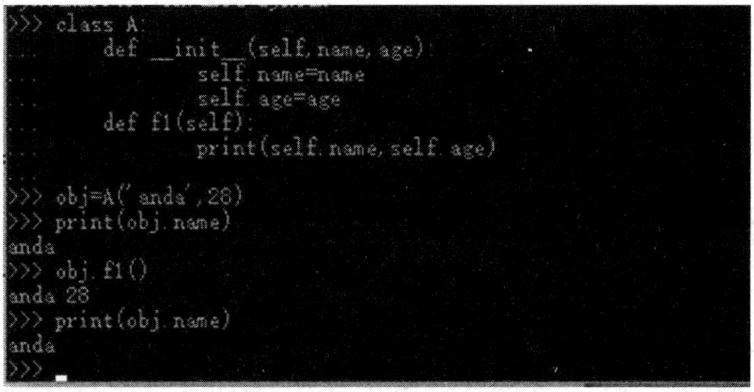

```
>>> class A:
...     def __init__(self,name,age):
...             self.name=name
...             self.age=age
...     def f1(self):
...             print(self.name,self.age)
...
>>> obj=A('anda',28)
>>> print(obj.name)
anda
>>> obj.f1()
anda 28
>>> print(obj.name)
anda
>>>
```

图 3.6 封装示例

3.5.4 多态

多态是指同一个行为具有多个不同表现形式或形态，多态可以通过接口或抽象类实现，通过不同的实例类继承接口和抽象类，以实现不同表现形式。同时多态也表现在类的不同实例中所产生的不同操作。

区别于 Java 和 C++等其他语言，Python 没有关于接口的关键字和语法，只能通过定义具有接口和抽象类特征的类来实现多态。

多态的特点如下：

(1) 多态是指同一个行为具有多个不同表现形式或形态。

(2) 多态是指同一个接口，使用不同的实例而执行不同操作。

(3) 实现多态的三要素(继承、重写、父类引用指向子类对象)。

代码 3.25 展示了不同类 S1 和 S2 在继承同一个类 F1 时，所产生的多态效果。

代码 3.25

```
# -*- coding:utf-8 -*-
class F1:
    pass

class S1(F1):

    def show(self):
        print 'S1.show'

class S2(F1):

    def show(self):
        print 'S2.show'

# 由于在 Java 或 C# 中定义函数参数时，必须指定参数的类型
# 为了让 Func 函数既可以执行 S1 对象的 show 方法，又可以执行 S2 对象的 show
方法，所以，定义了一个 S1 和 S2 类的父类
# 而实际传入的参数是：S1 对象和 S2 对象

def Func(F1 obj):
    """Func 函数需要接收一个 F1 类型或者 F1 子类的类型"""

    print obj.show()

s1_obj = S1()
Func(s1_obj) # 在 Func 函数中传入 S1 类的对象 s1_obj，执行 S1 的 show 方法，结
果：S1.show

s2_obj = S2()
Func(s2_obj) # 在 Func 函数中传入 Ss 类的对象 s2_obj，执行 S2 的 show 方法，结
果：S2.show
```

3.5.5 type()函数

如果想知道某个数值的数据类型，可以将数据作为参数传入 type()函数得到它的类型。

在 Python 开发中，不同数据类型的转化较为频繁，因此 type()函数很常用且重要。由于 Python 是面向对象编程，其一切数据都可表现为对象，即数据都可以通过类生成，因此 type()函数还有一个重要作用是产生该类数据的对象。具体功能如下：

(1) 类可由 type()函数产生。

(2) type()函数的第一个参数是返回对象的类型，第二个参数是一个元组，代表继承的父类集合，第三个参数是一个字典把类的方法和定义的函数绑定。

type 创建类的示例如代码 3.26 所示。

代码 3.26

```
        # -*- coding:utf-8 -*-
    #定义一个函数代表方法
      def func(self):
              print('hello wupeiqi')

    Foo = type('Foo',(object,), {'func': func})
    #type()第一个参数:类名
    #type()第二个参数:当前类的基类
    #type()第三个参数:类的成员
    obj = Foo()
    obj.func()
        #创建对象并应用
```

运行结果如图 3.7 所示。

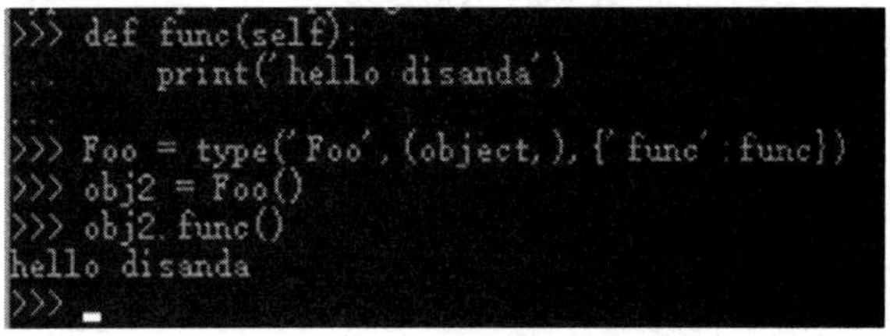

```
>>> def func(self):
...     print('hello disanda')
...
>>> Foo = type('Foo', (object,), {'func':func})
>>> obj2 = Foo()
>>> obj2.func()
hello disanda
>>>
```

图 3.7　type()函数产生定义类

本章小结

本章介绍了面向对象编程知识，包括 Python 面向对象中的类与对象，具体为类中属性和方法，以及类实例化对象的操作，其次从面向对象角度介绍了类在继承、封装和多态等方面的实现。

课后作业

一、单项选择题

1. Python 类构造函数为(　　)。

A. _init_(self)　　　　B. _init(self)

C. init_(self)　　　　D. _init_(self)

2. 面向对象三大特性不包括(　　)。

A. 继承　　B. 封装　　C. 循环　　D. 多态

3. 以下哪一个是私有变量。(　　)

A. a　　B. _a_　　C. _a　　D. a_

4. 关于旧式类和新式类说法正确的是(　　)。

A. 旧式类和新式类的多继承方式相同

B. 旧式类和新式类都有一个根类

C. 旧式类和新式类都没有一个根类

D. 旧式类和新式类的多继承方式不相同

5. Python 类中的属性和方法，以下错误的是(　　)。

A. 系统带有大量自带属性和方法

B. 方法有时可以通过属性化调用

C. 方法和函数有区别

D. 用户可以重写自带方法

参考答案： 1. A　2. C　3. C　4. D　5. B

二、简答题

1. 实现一个汽车类、一个 BMW 汽车类和一个 Audi 汽车类，并说明面向对象的三大思想。

2. 试分别调用三种自带属性和方法，并说明它们的用途。

第4章

系统成员

◆ 学习目标

了解系统模块
了解系统成员
了解内置变量
了解内置方法
了解内置函数
掌握常用内置函数
掌握常用关键字

◆ 本章重点

内置函数
内置方法

本章围绕 Python 语言特性，介绍 Python 编程环境下自带模块及各模块下的系统成员，包括内置变量、内置方法和内置函数等，重点介绍常用内置函数，以及相关的关键字及用法。

4.1 系统成员简介

Python 除了关键字外，还内置大量变量和方法，简称系统成员，或内置成员，这些不需要用户自己创建，它们是在 Python 文件生成时自带的变量和方法，供用户按需要调用，可分为以下四类：

(1) 内置变量。内置变量是 Python 解释器基于当前文件自带的变量，变量名前后由双下划线"_"构成，变量的主要功能是给出 Python 文件的信息。

(2) 内置方法。内置方法是 Python 类中自带的内置方法，无需用户自己编写就能自动生成，用户可以重写并覆盖原有的内置方法，方法名前后由双下划线"_"构成。

(3) 内置函数。内置函数是 Python 自带的函数，用于实现在编程中常用的功能。

(4) 内置模块。Python 提供大量内置模块，内置模块中有大量方法或数据结构(可定义为变量使用)，用于实现各类编程，如操作系统、网络、安全范围的功能。

4.2 内置变量

如图 4.1 所示，可通过 vars()函数和 dir()函数查看全部内置变量。

(1) vars()：查看以文件为参数(默认为当前文件)中的内置变量，以字典方式返回内置全局变量和所对应模块的名称。

(2) dir()：查看以文件为参数(默认为当前文件)中的内置变量的名称。

```
>>> vars()
{'__name__': '__main__', '__doc__': None, '__package__': None, '__loader__': <class '_frozen_importlib.BuiltinImporter'>, '__spec__': None, '__annotations__': {}, '__builtins__': <module 'builtins' (built-in)>}
>>> dir()
['__annotations__', '__builtins__', '__doc__', '__loader__', '__name__', '__package__', '__spec__']
>>>
```

图 4.1 显示内置变量的函数

常见内置变量如表 4.1 所示。

表 4.1 内 置 变 量

变量名	作　　用
doc	获取文件注释
file	获取当前文件的路径
package	获取导入文件的路径，多层目录以点分割，对当前文件返回 None
cached	获取导入文件的缓存路径
name	获取导入文件的路径加文件名称，路径以点分割，获取当前文件并返回_main_
builtins	文件内置函数

通过创建 Python 文件 test. py，查看系统变量的显示。若当前文件为编译文件，则多数内置变量值为 None，如代码 4.1 所示。

代码 4.1

```
#test. py

>>>print(_doc_)
>>>print(_file_)
>>>print(_package_)
```

```
>>>print(_cached_)
>>>print(_name_)
>>>print(_builtins_)
#注：以上内置变量需要在有固定文档、文件包中
```

4.3 内置方法

内置方法是指 Python 文件中类实现对象时的自带方法，包括类初始化对象时的构造函数、删除对象时的析构函数等，也包括一些对象常用函数，例如输出时的字符串化函数、求长度函数、比较函数等，具体如表 4.2 所示。

表 4.2 内 置 方 法

内置方法	说　明
init(self, ...)	构造函数，初始化对象，在创建新对象时调用
del(self)	析构函数，释放对象，在对象被删除之前调用
new(cls, * args, * * kwd)	实例的生成操作
str(self)	在使用 print 语句时被调用
getitem(self,key)	获取序列的索引 key 对应的值，等价于 seq[key]
len(self)	在调用内联函数 len()时被调用，返回对象的长度
cmp(stc,dst)	比较两个对象 src 和 dst
getattr(self,name)	获取属性的值
setattr(self,name,value)	设置属性的值
delattr(self,name)	删除 name 属性
getattribute()	_getattribute_()功能与 getattr()类似
gt(self,other)	判断 self 对象是否大于 other 对象
lt(slef,other)	判断 self 对象是否小于 other 对象
ge(slef,other)	判断 self 对象是否大于或者等于 other 对象
le(slef,other)	判断 self 对象是否小于或者等于 other 对象
eq(slef,other)	判断 self 对象是否等于 other 对象
call(self, * args)	把实例对象作为函数调用

4.4 内置函数和关键字

4.4.1 内置函数

内置函数为系统自带函数，无需导入第三方包即可使用，主要包括基础变量、数学计算等操作。如果用户定义的函数名和内置函数名相同，该内置函数就会被覆盖。常见内置函数如表 4.3 所示。

表 4.3 内置函数

abs()	divmod()	input()	open()	staticmethod()
all()	enumerate()	int()	ord()	str()
any()	eval()	isinstance()	pow()	sum()
basestring()	execfile()	issubclass()	print()	super()
bin()	file()	iter()	property()	tuple()
bool()	filter()	len()	range()	type()
bytearray()	float()	list()	raw_input()	unichr()
callable()	format()	locals()	reduce()	unicode()
chr()	frozenset()	long()	reload()	vars()
classmethod()	getattr()	map()	repr()	xrange()
cmp()	globals()	max()	reversed()	zip()
compile()	hasattr()	memoryview()	round()	import()
complex()	hash()	min()	set()	apply()
delattr()	help()	next()	setattr()	buffer()
dict()	hex()	object()	slice()	coerce()
dir()	id()	oct()	sorted()	intern()

4.4.2 关键字

除内置函数外，还有关键字是系统定义的，用户不能使用关键字定义变量、函数、类等，关键字只能用于该系统设定的功能。

在 Python3.5 中，有 33 个关键字。Python 中有一个模块叫 keyword，keyword 中有两个成员：iskeyword 函数和 kwlist 列表(_all_ = ["iskeyword", "kwlist"])。其中 kwlist 包含了所有的关键字，而 iskeyword 则用来查看某一个字符串是否是关键字。输出关键字的代码如代码 4.2 所示。

代码 4.2

```
#在 cmd 或 IDLE 中测试

>>> import keyword
>>> keyword.kwlist
['False', 'None', 'True', 'and', 'as',
'assert', 'break', 'class', 'continue', 'def',
'del', 'elif', 'else', 'except', 'finally',
'for', 'from', 'global', 'if', 'import',
'in', 'is', 'lambda', 'nonlocal', 'not',
'or', 'pass', 'raise', 'return', 'try',
'while', 'with', 'yield']
```

4.5 内置模块

Python 内置模块是 Python 标准库(The Python Standard Library)的重要内容，用于实现常用的编程功能。

模块在 Python 编程环境中可通过 import 语句导入。和第三方模块不同，内置模块无需下载安装就可以直接导入使用。常见的模块可以在 Python 官方文档中查询。网址如下：

```
https://docs.Python.org/3/library/index.html
#Python3 库索引文档

https://docs.Python.org/3/py-modindex.html
#Python3 标准库索引文档
```

一些常用模块如下：

(1) os 模块。os 模块(文件和目录)用于提供系统级别的操作。

(2) sys 模块。sys 模块用于提供与解释器相关的操作。

(3) hashlib 模块。hashlib 模块提供了常见的摘要算法，用于加密相关的操作，主要提供 SHA1，SHA224，SHA256，SHA384，SHA512，MD5 算法。

(4) shutil 模块。shutil 模块用于处理高级的文件、文件夹、压缩包。

(5) configparser 模块。configparser 模块用于对特定的配置进行操作。

(6) logging 模块。logging 模块用于日志记录，同时还可以做更方便的级别区分以及一些额外日志信息的记录，如时间、运行模块信息等。

(7) time & datetime 模块。time & datetime 模块用于对日期和时间进行操作。

(8) random 模块。random 模块可表示随机数。

(9) re 模块。re 模块用于实现正则表达式。

4.5.1 os 模块

os 模块是系统级别的命令，这个模块提供了一种使用操作系统函数的方法，例如，获得 Python 文件及其路径的相关信息，并对文件进行操作(见代码 4.3)。

代码 4.3

```
os.getcwd()
#获取当前工作目录，即当前 Python 脚本工作的目录路径

os.chdir("dirname")
#改变当前脚本工作目录；相当于 shell 下 cd

os.curdir
#返回当前目录：('.')

os.pardir
#获取当前目录的父目录字符串名：('..')
```

os. makedirs('dirname1/dirname2')
#可生成多层递归目录

os. removedirs('dirname1')
#若目录为空，则删除，并递归到上一级目录，若上一级目录也为空，则删除，依此类推。

os. mkdir('dirname')
#生成单级目录；相当于 shell 中 mkdir dirname

os. rmdir('dirname')
#删除单级空目录，若目录不为空，则无法删除，报错，相当于 shell 中 rmdir dirname。

os. listdir('dirname')
#列出指定目录下的所有文件和子目录，包括隐藏文件，并以列表方式打印。

os. remove()
#删除一个文件

os. rename("oldname","newname")
#重命名文件/目录

os. stat('path/filename')
#获取文件/目录信息

os. sep
#输出操作系统特定的路径分隔符，win 下为"\\",Linux 下为"/"

os. linesep
#输出当前平台使用的行终止符，win 下为"\t\n",Linux 下为"\n"

os. pathsep
#输出用于分割文件路径的字符串

os. name
#输出字符串指示当前使用平台，win ->'nt';Linux ->'posix'

os. system("bashcommand")
#运行 shell 命令，直接显示

os. environ
#获取系统环境变量

os. path. abspath(path)
#返回 path 规范化的绝对路径

os. path. split(path)
#将 path 分割成目录和文件名二元组返回

```
os. path. dirname(path)
#返回 path 的目录。其实就是 os. path. split(path)的第一个元素

os. path. basename(path)
#返回 path 最后的文件名。若 path 以“/”或“\”结尾，那么就会返回空值，即 os.
path. split(path)的第二个元素

os. path. exists(path)
#如果 path 存在，返回 True；如果 path 不存在，返回 False

os. path. isabs(path)
#如果 path 是绝对路径，则返回 True

os. path. isfile(path)
#如果 path 是一个存在的文件，则返回 True，否则返回 False

os. path. isdir(path)
#如果 path 是一个存在的目录，则返回 True，否则返回 False

os. path. join(path1[, path2[, …]])
#将多个路径组合后返回，第一个绝对路径之前的参数将被忽略

os. path. getatime(path)
#返回 path 所指向的文件或者目录的最后存取时间

os. path. getmtime(path)
#返回 path 所指向的文件或者目录的最后修改时间

os. system()
#执行系统命令
```

4.5.2 sys 模块

sys 模块和 os 模块相似，可以访问由 Python 解释器使用或维护的变量以及与解释器进行交互的函数。

os 模块负责程序与操作系统的交互，提供了访问操作系统底层的接口，而 sys 模块负责程序与 Python 解释器的交互，提供了一系列的函数和变量，用于操控 Python 的运行环境。sys 常用的调用方法如代码 4.4 所示。

代码 4.4

```
sys. argv
# 命令行参数 List，第一个元素是程序本身路径
sys. exit(n)
#退出程序，正常退出时 exit(0)
sys. version
# 获取 Python 解释程序的版本信息
```

```
sys.maxint
# 最大的 int 值
sys.path
#返回模块的搜索路径，初始化时使用 PythonPATH 环境变量的值
sys.platform
#返回操作系统平台名称
sys.stdout.write('please:')
#显示处理进度，其本质是 print(" ",end="")
val = sys.stdin.readline()[:-1]
#获取全部标准输入，与 input()类似
```

本章小结

本章介绍了 Python 系统成员，包括内置模块、内置变量、内置函数、内置方法等，同时介绍了 Python 关键字，以及常用系统成员的操作和功能，通过本章介绍，进一步了解 Python 语言的构成和功能，为 Python 应用大数据开发打下坚实基础。

课后作业

一、单项选择题

1. 以下哪一个内置变量可以获得导入文件的缓存路径。(　　)

A. _doc_　　B. _file_

C. _cache_　　D. _name_

2. 以下内置方法中哪一个是析构函数。(　　)

A. _init_(self, …)　　B. _del_(self)

C. _len_(self)　　D. _cmp_(stc, dst)

3. 以下哪一个不是 Python 内置关键字。(　　)

A. class　　B. as　　C. and　　D. ok

4. 关于内置函数和内置方法以下说法正确的是(　　)。

A. 内置函数和内置方法同义

B. 内置方法主要是指 Python 类实现对象时自带的方法

C. 内置函数需要第三方包导入才能使用

D. 用户不可以更改内置方法

5. 以下关于 Python 模块说法错误的是(　　)。

A. Python 有自带的模块和第三方模块

B. os 模块和 sys 模块部分功能类似

C. Python 自带模块无需导入即可使用

D. Python 第三方模块需要用户下载安装后才能导入使用

参考答案： 1. C　2. B　3. D　4. B　5.

二、简答题

1. 什么是内置函数？什么是内置方法？分别举例说明 3 个内置函数和内置方法的作用。

2. 举例说明 Python 3 个内置模块的作用，并用代码实现其常见操作。

3. 解释 15 个以上的 Python 关键字，并用代码实现其作用。

第 5 章

异常与文件

◇ 学习目标

了解异常处理机制
了解类
掌握异常关键字
掌握异常语句
了解警告
掌握文件标准流
掌握文件操作

◇ 本章重点

异常语句
文件操作

本章围绕程序设计，介绍编程开发中常见的异常处理机制。以 Python 为例，介绍了异常类、异常关键字，以及由异常关键字组成的常见异常语句，还介绍了与异常处理相关的警告，以及异常处理常用的文件操作应用，包括文件的打开、文件读取、文件写入和文件关闭等。

5.1 异常概述

异常是一个事件，该事件会在程序执行过程中发生，影响了程序的正常执行。一般情况下，在 Python 无法正常处理程序时就会发生一个异常。异常是Python对象，表示一个错误。

5.1.1 异常处理机制

编写计算机程序时，通常存在一些不符合语法规则或不符合逻辑的情况，称为异常。出现异常时，程序会终止运行，并报告栈跟踪（Traceback）情况，俗称程序报错或程序出现 bug，如图 5.1 所示，当变量 a 不存在时，输出变量 a 会造成异常。

```
>>> a
Traceback (most recent call last):
  File "<stdin>", line 1, in <module>
NameError: name 'a' is not defined
>>> _
```

图 5.1　异常出现

处理异常可以用条件语句（if）来完成，通过判断是否出现某类异常而选择执行后续代码，但这样做效率低下且不灵活。Python 提供了异常处理机制，当程序发生异常时需要捕获处理它，使得程序不会出现 Traceback 而终止执行。

5.1.2 raise 关键字

当程序出现错误时，Python 会自动引发异常，也可以通过 raise 关键字引发异常。一旦执行了 raise 关键字内的语句，将会引发异常，导致后面的语句不能执行。raise 关键字示例如代码 5.1 所示。

代码 5.1

```
    #在 cmd 或 IDLE 中测试
>>>raise Exception
# 抛出异常基类
>>>raise Exception('str')
#抛出一个自定义的异常名
>>>raise OSError
#抛出 OS 异常
```

运行结果如图 5.2 所示。

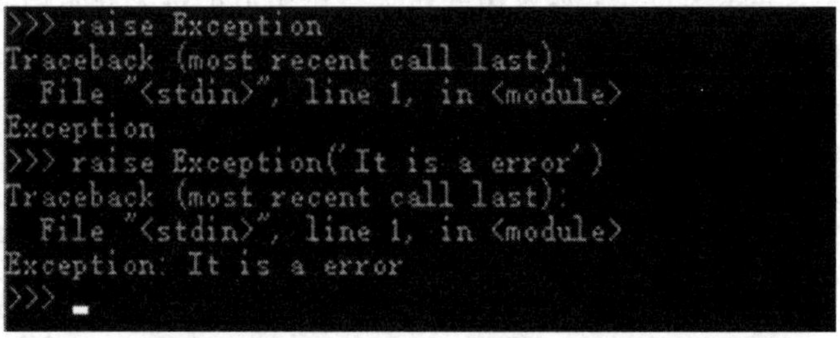

```
>>> raise Exception
Traceback (most recent call last):
  File "<stdin>", line 1, in <module>
Exception
>>> raise Exception('It is a error')
Traceback (most recent call last):
  File "<stdin>", line 1, in <module>
Exception: It is a error
>>> _
```

图 5.2　raise 关键字

5.2 捕获异常

5.2.1 异常类

在面向对象语言中，异常是一个对象，表示一个错误，Python 生成的异常对象类几乎全部继承于一个基类 Exception。Python 内置了大量异常类，用户也可以自己定义异常类。

1. 内置异常

常见的内置异常表如表 5.1 所示。

表 5.1 内置异常表

异常名称	描 述
BaseException	所有异常的基类
SystemExit	解释器请求退出
KeyboardInterrupt	用户中断执行(通常是输入^C)
Exception	常规错误的基类
StopIteration	迭代器没有更多的值
GeneratorExit	生成器(generator)发生异常并通知退出
StandardError	所有内建标准异常的基类
ArithmeticError	所有数值计算错误的基类
FloatingPointErro	浮点计算错误
OverflowError	数值运算超出最大限制
ZeroDivisionError	除(或取模)零 (所有数据类型)
AssertionError	断言语句失败
AttributeError	对象没有这个属性
EOFError	没有内建输入，到达 EOF 标记
EnvironmentError	操作系统错误的基类
IOError	输入/输出操作失败
OSError	操作系统错误
WindowsError	系统调用失败
ImportError	导入模块/对象失败
LookupError	无效数据查询的基类
IndexError	序列中没有此索引(index)
KeyError	映射中没有这个键
MemoryError	内存溢出错误(对于 Python 解释器不是致命的)
NameError	找不到名称(变量)时引发

续表

异常名称	描　述
UnboundLocalError	访问未初始化的本地变量
ReferenceError	弱引用(weak reference)试图访问已经被垃圾回收了的对象
RuntimeError	一般运行时的错误
NotImplementedError	尚未实现的方法
SyntaxErrorPython	语法错误
IndentationError	缩进错误
TabError	Tab 和空格混用
SystemError	一般解释器的系统错误
TypeError	对类型无效的操作
ValueError	传入无效的参数
UnicodeError	Unicode 相关的错误
UnicodeDecodeError	Unicode 解码时的错误
UnicodeEncodeError	Unicode 编码时错误
UnicodeTranslateError	Unicode 转换时错误
Warning	警告的基类
DeprecationWarning	被弃用特征的警告
FutureWarning	构造将来语义会有改变的警告
OverflowWarning	旧的自动提升为长整型(long)的警告
PendingDeprecationWarning	特性将会被废弃的警告
RuntimeWarning	可疑运行时行为(runtime behavior)的警告
SyntaxWarning	可疑语法的警告
UserWarning	用户代码生成的警告

2. 自定义异常类

用户在编写程序时，若编写的程序出现错误和异常，可以自定义异常类来更好地处理这类错误。只需要继承系统异常，就可以实现自定义异常类，如代码5.2所示。

代码 5.2

```
class SomeException(Exception):
    print('it is a error')

class Networkerror(RuntimeError):
    def _init_(self, arg):
        self.args = arg
```

5.2.2　异常关键字

异常关键字主要有以下几种：

(1) raise：显示抛出异常。

(2) try：关键字下的语句用于异常的尝试，如果发现异常就会抛出。

(3) except：抛出异常时执行的语句。

(4) 异常名 except 后面跟随的字段：用于表示抛出的异常。

(5) as：用于异常重命名。

(6) finally：用于异常语句执行完后最终要执行的语句。

5.2.3　异常语句

假设两数相除，除数不能为0，即分数分母不能为0，若为0，Python 会报出 ZeroDivisionError 异常，如代码 5.3 所示。

代码 5.3

```
>>>x=int(input('input x'))
    # input x:5
>>>y=int(input('input y'))
    # input y:0
>>>x/y
    #会报出异常 ZeroDivisionError
```

Python 处理异常语句相对比较灵活，只有掌握了关键字的用途，才能灵活地组合异常语句。

1. try/except

try 为测试异常的关键字，一旦发生异常，就会抛出 except 关键字中的语句，except 后可跟具体异常名，示例如代码 5.4 所示。

代码 5.4

```
try:
    x=int(input('input x'))
    y=int(input('input y'))
    x/y
except ZeroDivisionError:
    print("the second number can't be zero!")
except TypeError:
    print("that wasn't a number,was it?")
```

代码 5.5 表示用元祖将两个异常放在一起。

代码 5.5

```
try:
    x=int(input('input x'))
```

```
        y=int(input('input y'))
        x/y
    except(ZeroDivisionError,TypeError,NameError):
        print('Your numbers were bogus...')
```

2. try/except/else

try 关键字内的代码可以对可能存在异常的代码进行编译，except 关键字内的代码可对异常进行处理，而 else 关键字内的代码可以处理不存在异常时的操作。具体示例如代码 5.6 所示。

代码 5.6

```
try:
    print('a simple task')
except:
    print('what? something went wrong?')
else:
    print('ah... It went as planned.')
```

3. try/finally

finally 子句代码段用于执行异常的清理工作，即无论 try 是否发生异常，无论发生什么异常，finally 语句都会执行(见代码 5.7)。

代码 5.7

```
try:
    x=None
    x=1/0
finally:
    print('Cleaning')
    del x
    #无论 try 语句中是否出现异常,finally 都会执行
```

4. try/except/else/finally

try/except/else/finally 关键字内的代码示例如代码 5.8 所示。

代码 5.8

```
try:
    1/0
except NameError:
    print("Unknow variable")
else:
    print("That went well")
finally:
    print("Cleaning up")
```

5.3 警告与异常

在 Python 编程中异常等同于错误，而比异常更低一个级别的“错误”称为警告。出现异常时，如果不用 try 语句处理，程序就会停止运行，而出现警告时，程序只会提示，不影响程序继续运行。

1. warning 类和 warn()函数

(1) warnings 类。warnings 类与异常不同，可提示用户一些错误或过时的代码。示例如代码 5.9 所示。

(2) warn()函数。warn()函数是 warning 类中最常见函数，可提示警告内容。示例如代码 5.9 所示。

代码 5.9

```
>>>from warnings import warn
>>>warn('it is a warning')
```

2. filterwarnings()函数

该函数用于过滤警告或异常，参数为 ignore 是指忽略警告，参数为 error 是指将警告上升为错误，如代码 5.10 所示。

代码 5.10

```
from warnings import filterwarnings
filterwarnings("ignore")
warn('a warning')
#忽略警告

filterwarnings('error')
warn('something is very wrong')
#警告变为错误
```

5.4 文件概述

文件是信息技术中保存数据的主要载体，可以通过编程对文件进行创建、写入、删除和修改等操作。

5.4.1 标准流与 I/O 类

文件涉及的概念有标准流和 I/O 类。

1. 标准流

把文件比作一个存放数据的载体，数据通过输入对象和输出对象完成输入和输出，即 I/O 类。流以一个文件对象为载体，通过该对象对文件进行输入和输出。

2. I/O 类

I/O 类指输入(Input)和输出(Output)，类似一个管道，通过这个管道把数据按流的方式输入和输出。

5.4.2 文件对象

文件对象有 os 模块和 io 模块。

1. os 模块

os 模块是实现多种系统命令的库，其中 getcwd()函数可以返回 Python 解释器当前的工作路径。

2. io 模块

io 模块用于完成编程时数据的输入和输出功能，主要是文件的输入和输出，模块中常用的函数有 open()、write()、read()、close()等。

注：io 模块是 Python 自动导入的模块，无需手动导入。

5.4.3 文件对象的操作模式

通过 io 模块的 open 函数，可以返回一个可对文件进行读取的对象，例如：

f=open('somefile.txt')

其中，参数是文件名，可以在文件名中指定完整的路径，open()函数还有第二个参数，可使得对象 f 打开文件时具备不同的操作模式。常用操作模式对应的参数如表 5.2 所示。

表 5.2 open()模式参数

参数值	描　　述
'r'	读取模式(默认值)
'w'	写入模式
'a'	附加写入模式
'b'	二进制模式(与其他模式配合使用)

其中，参数值 r 是默认值，代表文件对象只能读取文件内容，不能写入数据；w 代表可以写入数据，但原有数据会被覆盖；a 代表附加写入，即不覆盖原有数据，在文件原有数据后写入；b 代表二进制模式读写数据。Python 中数据分为字符串(str)类型数据和二进制(byte)类型数据，一般非文本数据是二进制类型数据。

5.5 文件操作

文件操作是指对文件的读写操作，即对文件信息的写入和读取。Python 对文件的操作是通过文件对象进行的，文件对象由 io 模块的 open()函数返回值获得。

5.5.1 Python 文件路径

文件的操作路径默认在当前编译文件下，也可以通过 os 模块，找到 Python 操作文件的路径，并对其进行操作。os 模块提供了一套类似 UNIX 命令的函数对文件所在路径及文件夹进行操作。

(1) getcwd()：获得 Python 当前文件路径。

(2) listdir()：获得所在文件夹下的文件名列表。

(3) chdir()：更换 Python 当前路径。

(4) mkdir()：在 Python 当前路径下创建文件夹。

以上函数的必要参数是路径，以字符串形式保存。如图 5.3 所示，在 IDLE 中，将 Python 当前路径'/Users/apple/Documents'切换为'/Users/python'。

```
>>> import os
>>> os.getcwd()
'/Users/apple/Documents'
>>> os.chdir('/Users/python')
>>> os.getcwd()
'/Users/python'
>>>
```

图 5.3 更改操作路径

5.5.2 文件基本操作

在对应代码文件的路径中，可以对其他文本文件进行读写，其中必需的操作是文件的打开和关闭。只有打开文件才能进行读写，关闭文件可以保证文件的数据完整性，其全部操作通过文件对象的方法完成，如代码 5.11 所示。

代码 5.11

```
#code11.py，该文件位于 D:/test 路径下
>>>f=open('./test1.txt','w')
#以支持写入的方式打开 D:/test 文件夹下的 test1.txt 文件

>>>f.write('hello,')
#通过文件对象 f 写入字符
>>>f.write('world!')

>>>f.close()
#通过文件对象关闭文件
```

通过 open()方法打开文件并创建文件对象 f，其中参数 w 为打开方式，这里的打开方式 w 代表可写入。文件对象 f 的 write()方法可以传入字符串参数并将字符串写入文件，第一次写入'hello,'，第二次写入'world!'，之后关闭文件完成操作。

1. 文件的读取

文件读取示例如代码 5.12 所示。

代码 5.12

```
>>>f=open('./test1.txt','r')
>>>f.read(4)
#读取四个字符

>>>f.read()
#读取剩余字符
```

代码 5.12 中，通过文件对象 read()方法读取文本 test2.txt 内容，第一次读取 4 个字符，第二次读取剩余字符。因为 read()方法默认参数是在上一次读取节点后读取余下全部内容，另外 open()函数默认的读取方式就是'r'。

2. 使用管道重定向输出

在类 UNIX 的 shell 命令行中，可以通过管道将文件和文件操作连接起来。代码 5.13 和代码 5.14 的示例用于统计 test.txt 里面的单词。其中代码 5.13 是 txt 文本文件，用于存放部分单词，代码 5.14 为统计单词的代码实例。

代码 5.13

```
#test.txt
one two three four five six seven eight nine ten
```

代码 5.14

```
#countScript.py
import sys
text = sys.stdin.read()
words = text.split()
wordcount = len(words)
print('Wordcount:',wordcount)
```

Linux 系统下显示：

```
cat test2.txt |Python countScript.py
```

通过管道将 cat 命令传入 Python 文件，最后进行单词统计，结果如下：

```
('Wordcount:', 10)
```

5.5.3 随机存取

之前我们读取的文件，都是将文件视为流，按顺序从头到尾读取。实际上可将文件视为一个很大的数组，在文件中按数组下标访问文件的任意位置，这称为随机访问。

Python 提供随机访问的方法有 read()函数、seek()函数和 tell()函数。

1. read()函数

read()函数可以通过参数确定访问的范围，但是每次访问都基于当前文件的位置，默认参数可访问范围是当前文件位置到文件末尾。read()方法示例如代码

5.15 所示。

代码 5.15

```
>>>f = open(r'test3.txt')
>>>f.read()
>>>f.close()
```

2. seek()函数

文件对象在访问文件信息时是通过指针确定当前访问位置的，seek()函数可以通过指定参数访问文件的位置。seek()方法示例如代码 5.16 所示。

代码 5.16

```
    >>>f = open(r'test3.txt','w')
>>>f.write('123456789')
>>>f.seek(5)
#访问文件的第五个字符
>>>f.write('hello,world')
>>>f.close()
```

3. tell()

文件对象的 tell()函数可以确定文件对象当前访问的位置。tell()方法示例如代码 5.17 所示。

代码 5.17

```
>>>f = open(r'test3.txt')
>>>f.read(3)
>>>f.read(2)
>>>f.tell()
>>>f.close()
```

5.5.4 按行读写与关闭文件

1. 按行读写

之前文件读写的方法都是按字符逐个读写的，在大量读写信息时不太实用，不如按行读取。Python 文件对象按行读写的方法是采用 readline()函数，其默认参数是读取一行，或正整数参数代表最多读取一行内多少个字符。而 readlines()函数则是读取所有行，并以列表的方式返回。

writelines()函数是按行写入文件，其接受的参数是任何集合或迭代器，但写入时需要自行添加换行符。

2. 关闭文件

主动调用文件对象的 close()函数关闭文件，是在操作文件读写完成时强烈建议的操作。虽然程序在退出时会自动关闭文件对象，但是通过代码主动关闭文件有以下几个好处：

(1) 避免文件对象的存在而产生意外篡改。

(2) 释放占用的系统内存。

由于未关闭文件而导致文件读写异常，如 Python 可能缓冲写入的数据，若此时程序异常退出，文件数据可能根本没有写入，这时若不想关闭文件，可以使用文件对象的 flush()方法，将内存的数据写入到磁盘文件中。

3. 文件异常处理

由于文件读写涉及不同存储设备的传输过程，且不同文件信息的编码格式不同，在文件读取量较大情况下，非常容易出现异常，因此文件读写的异常处理是文件读写技术的主要内容之一。文件异常处理的标准写法如代码 5.18 所示。

代码 5.18

```
try:
    #将数据写入文件
finally:
    file.close()
```

在文件异常处理中，有一种专门设计的简写方式，如代码 5.19 所示。

代码 5.19

```
with open('test4.txt') as f:
#可利用对象 f 将数据写入文件
```

with 语句可以通过 with…as 将文件对象赋值给 f，无论异常是否出现，最后都会自动关闭文件。

5.5.5 文件读写实践

一个简单的文本文件 1.txt 如代码 5.20 所示。

代码 5.20

```
#1.txt
welcome to this file
There is nothing here except
This is a example
```

对文件的主要操作(包括读写函数)的实践如代码 5.21 所示。

代码 5.21

```
#读操作 read()
f=open(r'1.txt')
print(f.read())
f.close()

#读操作 read(n)
f=open(r'1.txt')
```

```
f.read(7)
f.read(4)
f.close()

#按行读操作 readline()
f=open(r'1.txt')
for i in range(3):
    print(str(i)+':'+f.readline(),end='')
f.close()

#读取所有行 readlines()
f=open(r'1.txt')
f.readlines()
f.close()

#写入操作 write(str)
f = open(r'1.txt','w')
f.write('one/n')
f.close()
f = open(r'1.txt','a')
f.write('two/n')
f.write('three/n')
f.close()
#进行读写操作完成后，文件内容如下：
#one
#two
#three
```

5.6 文件迭代

文件读取，往往不止读取一个字符或者一行字符，这时就需要进行迭代操作，循环地读取一个字符或者一行字符以保证读取足够的信息。

由于读取文件需要大量重复执行读取字符或读取一行字符的操作，为保证读取完成且控制读取中的差错，需要用到循环、函数及异常处理等操作。

文件迭代操作可分为按字符迭代和按行迭代。

1. 按字符迭代

最简单的迭代方式就是使用一个 while 循环来重复执行 read()函数，当读到末尾时，read()将返回一个空字符串，若不返回空字符串，read()将返回 True，这样 while 循环就可以继续执行直到结束，如代码 5.22 所示。

代码 5.22

```
with open('1.txt') as f:
    char = f.read(1)
```

```
    while char:
        print(char)
        char = f.read(1)
```

代码 5.23 是一种消除重复语句的高效写法。

代码 5.23

```
with open('1.txt') as f:
    while True:
        char = f.read(1)
        if not char:break
        print(char)
```

2. 按行迭代

按行迭代可以用循环和 readline()函数完成，如代码 5.24 所示。

代码 5.24

```
with open('1.txt') as f:
    while True:
        line = f.readline()
        if not line:break
        print(line)
```

1) 一次性文本迭代

如果文件不大，可以一次性读写整个文件；为此可以使用默认参数的 read()函数，也可以使用 readlines()函数将文件读取到一个字符串列表中(其中每个字符串都是一行)，如代码 5.25 所示。

代码 5.25

```
  #用 read()函数
with open('1.txt') as f:
    for char in f.read():
        print(char)
#用 readlines()函数
with open('1.txt') as f:
    for line in f.readlines()
        print(line)
```

2) 延迟行迭代

在包含海量数据的文件中，使用 read()或者 readlines()函数会占用大量内存，这时可以使用 while 循环和 readline()函数。但是在 Python 中首选 for 循环，且文件对象是一个迭代器，其占用少量内存且可以通过 for 循环遍历整个文件。

3) 迭代器

因为文件对象可以当作一个迭代器，所以可以用 for 循环遍历整个文件对象内容，如代码 5.26 所示。

代码 5.26

```
with open('1. txt') as f:
    for line in f:
        print(line)
```

与文件对象一样，sys 模块中的 stdin()函数的返回值也可以作为一个迭代器，可迭代标准输入行，如代码 5.27 所示。

代码 5.27

```
import sys
for line in sys. stdin:
    print(line)
```

4）文件迭代器实例

通过 print()函数，传入迭代器参数，将字符串写入文件，如代码 5.28 所示。

代码 5.28

```
f = open('1. txt','w')
#文件对象 f 是一个迭代器
  print('first','line',file=f)
  print('second','line',file=f)
  print('Third','and final','line',file=f)
  f. close()
```

通过将迭代器转换为列表，并用迭代器返回文件信息列表的下标并输出，如代码 5.29 所示。

代码 5.29

```
l = list(open('1. txt;))
#l 是一个列表
print(l)

a,b,c=open('1. txt')
print(a)
print(b)
print(c)
```

本章小结

本章介绍了 Python 异常处理机制，以及异常处理常见的文件处理应用。异常处理包括异常关键字、异常类、异常语句。文件处理操作包括文件流、文件类、文件打开、文件读、文件写、文件关闭以及文件的异常处理等。

课后作业

一、单项选择题

1. Python 异常类的基类是(　　)。

A. BaseException　　B. SystemExit

C. KeyboardInterrupt　　D. Exception

2. 以下哪一个异常关键字可以显示抛出异常。(　　)

A. try　　B. as　　C. with　　D. raise

3. 用于文件处理的模块是(　　)。

A. sys　　B. os　　C. NumPy　　D. io

4. 关于异常处理，以下说法正确的是(　　)。

A. finanlly 关键字在出现异常时执行

B. finanlly 关键字在不出现异常时执行

C. finanlly 关键字在异常处理后总会执行

D. 带 finanlly 语句的异常语句不能出现 else 语句

5. 以下关于文件处理操作，哪一项是错误的。(　　)

A. 文件操作在打开后需要在处理完成时关闭

B. 文件操作可以按行读写也可以按字符读写

C. 文件读写的数据有时暂存在缓冲区

D. 文件的异常处理不可以用 with…as…简写形式

参考答案：1. A　2. D　3. D　4. C　5. D

二、简答题

1. 使用异常类创建一个被除数为 0 的异常。

2. 创建一个文件 a. txt，写入“hello world”的字符。

第 6 章

Python 库

◆ 学习目标

了解标准库
了解第三方库
掌握常见标准库
掌握常用第三方库

◆ 本章重点

数据处理模块
Pandas 模块

本章围绕 Python 库，介绍了 Python 自带的标准库和一些常见的第三方库，为应用 Python 进行数据开发铺垫了基础。

Python 是一种“胶水语言”，胶水语言最大的特点就是语言本身内容简练，但又能实现丰富的功能，这些功能靠其“扩展”实现，这里的扩展就是指 Python 的库(也称模块)。

一个模块的内容包含多个函数或子模块，一个模块以文件夹的形式存在，位于操作系统中设置的模块路径下。一个模块内的子模块也可以文件夹的形式存在于上一级文件夹中。

Python 库可分为自带的标准库和第三方库。

6.1 Python 标准库

标准库是 Python 的基础，包含了 Python 语言的具体语法和语义，也包含了

Python 发行版中的一些可选模块。

Python 标准库非常庞大，所提供的模块涉及范围十分广泛。标准库包含了多个内置模块(以 C 编写)，Python 程序员必须依靠它们来实现系统级功能，例如文件 io 模块。此外还有大量用 Python 语言编写的模块，这些模块提供了日常编程中许多问题的标准解决方案。其中有些模块经过专门设计，通过将特定平台功能抽象化为平台中立的 API 来加强 Python 程序的可移植性。

Windows 版本的 Python 安装程序不仅包含整个标准库，还包含许多额外组件。对于类 Unix 操作系统，Python 通常会分成一系列的软件包，因此可以使用操作系统所提供的包(管理工具)来获取部分或全部可选组件。

在这个标准库以外还有成千上万并且能不断增加的其他第三方包(从单独的程序、模块、软件包直到完整的应用开发框架)，访问 Python 包索引即可获取这些第三方包。

6.1.1 内置函数和异常模块

Python 在启动时导入内置函数和异常模块，可以保证程序能够正常运行，两个模块如下所示：

(1) _builtin _模块。定义(也称调用)内置函数(如内置函数 len()，int()，range()等)时，无需导入内置函数所在的模块，即_builtin _，在启动 Python 解释器时，系统会自动导入该模块。

(2) exceptions 模块。该模块可使 Python 代码运行异常处理机制，无论程序是否使用异常处理语句，出现异常时，系统都会报出异常名称，每一个非用户自定义的异常都内置在 exceptions 模块中。

除以上两个模块以外，还有很多随 Python 解释器启动的模块，如内置的 operator 模块提供了和内建操作符作用相同的函数，copy 模块允许复制对象，Python 2.0 新加入的 gc 模块提供了对垃圾收集的相关控制功能等。

6.1.2 操作系统接口模块

Python 有许多使用了 POSIX 标准 API 和标准 C 语言库的模块。它们为底层操作系统提供了平台独立的接口。

1. os 模块

os 模块可以提供文件和进程处理功能，该模块包括各类对应操作系统功能的子模块，如提供文件系统独立的文件名，以及处理文件的 path 子模块，其可以分拆目录名、文件名、后缀等，子模块导入的全程为 os. path。

2. sys 模块

sys 模块提供了使用或维护解释器的一些变量的访问，以及与解释器交互的函数。sys 模块可以访问解释器相关参数，比如模块搜索路径、解释器版本号等。

3. 网络模块

网络模块由下往上分为：物理层、数据链路层、网络层、传输层、会话层、表示层和应用层。TCP/IP 协议是传输层协议，也是现代计算机网络编程中最核心的协议，主要解决数据如何在网络中的传输。

Socket(嵌套字)则是对 TCP/IP 协议的封装，它本身不是协议，而是一个调用接口；当前绝大多数网络服务都是建立在 Socket 基础之上的，Socket 是网络连接端点，是网络的基础；每个 Socket 都被绑定到指定的 IP 和端口上，Python 自带的 Socket 模块可方便用于 c/s 的客户端和服务器端编程。

4. 线程模块

线程是进程的基本单位，进程是程序运行的基本单位。多线程类似于同时执行多个不同程序，是现代程序并发运行的基础。Python 通过两个标准库 thread 和 threading 提供对线程的支持，用于实现多线程。

6.1.3 数据处理模块

1. string 模块

标准库里有许多用于支持内建类型操作的库。如 string 模块实现了常用的字符串处理，常用的字符串操作都以函数的形式保存在 string 模块中。

2. math 模块

常用的数学计算模块 math 提供了数学计算的运算和常量，如三角函数运算，以及 pi、e 等常量。常见的数学计算是编程必不可少的过程，特别是与数据相关的编程，同时 cmath 模块为复数提供了和 math 一样的功能。

3. random 模块

random 模块用于获取各类随机数，该模块通过实例化一个 random 的对象，并通过 random 对象调用其方法实现随机数。常见的应用如代码 6.1 所示。

代码 6.1

```
>>>import random #导入 random 模块

>>>print( random.randint(1,10) )          # 产生 1 到 10 的一个整数型随机数
>>>print( random.random() )               # 产生 0 到 1 之间的随机浮点数

>>>print( random.uniform(1.1,5.4) )       # 产生 1.1 到 5.4 之间的随机浮点数，
                                          # 区间可以不是整数

>>>print( random.choice('tomorrow') )     # 从序列中随机选取一个元素

>>>print( random.randrange(1,100,2) )     # 生成从 1 到 100 的间隔为 2 的随机整数

>>>a=[1,3,5,6,7]                          # 将序列 a 中的元素顺序打乱
>>>random.shuffle(a)
>>>print(a)
```

6.1.4 正则表达式模块

re 模块为 Python 提供了正则表达式支持。正则表达式是用于匹配字符串或特定子字符串的有特定语法的字符串模式。

re 模块可通过创建 re 对象来调用其方法，其中正则表达式可通过一系列符号完成匹配规则，具体操作方法可上网查阅正则表达式匹配表，其示例如代码 6.2 所示。

代码 6.2

```
>>>import re #正则表达式的包
#1
>>>pattern = re.compile('\d+\.\d+')
#创建一个正则表达式对象，参数为正则表达式符号

>>>str = "1.12321, 432423.32 abc 123.123 342"
>>>result1 = pattern.findall(str)

#2
>>>result2 = re.findall('\d+\.\d+',str)
```

正则表达式模块的主要方法如下：

(1) compile()：参数为正则表达式，通过编译正则表达式，返回一个正则表达式对象。

(2) findall()：找到字符串中所有的匹配(以空格为间隔)。

(3) search()：匹配整个字符串，直到找到一个匹配。

(4) match()：从字符串的起始位置开始，匹配一个符合参数为正则表达式的字符串。

(5) split()：参数为正则表达式，将匹配的字符串作为分割点，对字符串进行分割，并最终分割成列表。

6.2 NumPy 库

NumPy(Numeric Python)，简称 NP，是 Python 的一种开源的数值计算扩展。该库可用来存储和处理大型矩阵，比 Python 自身的嵌套列表结构更高效，该结构也可以用来表示矩阵。NumPy 库的官网为 http://www.numpy.org/。

NumPy 是完成数据科学计算的核心基础库。NumPy 提供了许多高级的数值编程工具，如：矩阵数据类型、矢量处理，以及精密的运算库，这些工具被很多大型金融公司使用。

NumPy 核心数据结构是数组，被封装为一个对象，是一个 N 维数组类型

ndarray，简称 array。array 主要描述了相同类型的数据集合，也是 NumPy 完成矩阵相关运算的数据结构。数据维度的英文名为 axis。一维的数据有 1 个 aix(起始位 0)。

参见 2.1.2 节，Python 列表和元组就是典型的一维数据，二维数据可以表示一个平面，常见的平面坐标图形可以描述二维数据。三维数据一般描述 3D 图形，如图 6.1 所示。

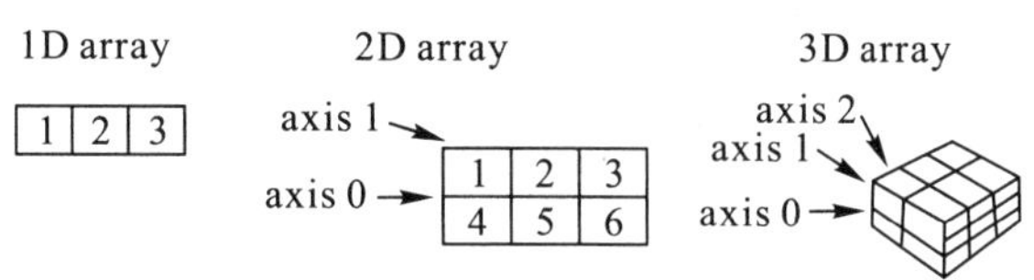

图 6.1 Numpy 数组结构图

图中 1D array 为一维数组，2D array 为二维数组，3D array 为三维数组，axis 可以理解为坐标轴，不同坐标轴代表不同的维度。下面介绍的代码可以创建 Numpy 数组，并改变其中二维数组的维度。

6.2.1 数组类型和创建

1. 创建数组

创建 np 数组使用 array()函数，通过传入参数完成 Python 基础数据到 np 数组的转换，常用参数可以是列表或元组。代码 6.3 为创建数组操作示例。

代码 6.3

```
>>>import numpy as np
>>>a = np.array([1,2,3])
>>>print (a)

>>>b = np.array([[1,  2],  [3,  4]])  #二维数组
>>>print (b)

>>>a = np.array([[1,2,3],[4,5,6]]) #2*3 数组改为 3*2 数组
>>>a.shape =  (3,2)
>>>print (a)
```

2. 数组类型

NumPy 的数组能保存的数据类型有整数型、浮点型、混合型(将以 128 位浮点数保存)、布尔型、对象型(即存储数据为对象)、字符型以及 Unicode 编码型。代码 6.4 为测试不同位数的数据类型示例。

代码 6.4

```
>>>import numpy as np
>>>np.int16
>>>np.int32
```

```
>>>np.float16
>>>np.float32

>>>np.complex
>>>np.bool
>>>np.object

>>>np.string_

>>>np.unicode_
```

3. 初始化函数

在大数据处理中经常需要初始化大量数据，如含有一定规律的数据和随机数据，np 自带几种常用的初始化函数，方便生成元素值为各类数据类型的数组，具体操作如代码 6.5 所示。

代码 6.5

```
>>>import numpy as np

>>>np.zeros([3,4])
#生成 3*4 元素全为 0 的数组

>>>np.ones((2,3,4),dtype=np.int16)
#生成 2*3*4 的元素值全为 1，类型为 np.int16 的数组

>>>np.arange(1,25,5)
#类似 Python 中的 range 函数，三个参数分别为起始值、终止值和步数

>>>np.linspace(0,2,9)
#在 0～2 之间生成距离相等的 9 个数

>>>np.full((2,2),7)
#生成 2*2 元素全为 7 的数组

>>>np.eye(3)
#生成 3*3 对角线元素值全为 1，其他元素全为 0 的数组
#在线性代数中该数组称为 3 维标准矩阵

>>>np.random.random((2,2))
#生成一个 2*2 元素值为 0～1 之间的随机数数组
```

6.2.2 数组操作

数组操作主要通过 np 自带的操作符，以及 np 数组类自带的方法和属性进行的操作，大致可分为数组属性和数组运算等。

1. 数组属性

数组属性包括测试数组的长度、维度和元素类型等，具体操作如代码 6.6 所示。

代码 6.6

```
>>>import numpy as np
>>>a=np.random.random((2,3))

>>>a.shape #求数组维度
>>>len(a) #求数组行数
>>>a.ndim #求数组的物理维度即列表维度，shape 求的是矩阵维度
>>>a.size #求数组的元素个数
>>>a.dtype #求数组的元素类型
>>>a.astype(int) #转换矩阵元素类型
```

2. 数组运算

数组运算包括数组的加减乘除运算，以及一些常见的数组和矩阵运算，具体操作如代码 6.7 所示。

代码 6.7

```
>>>import numpy as np
>>> a=np.array(((1,2,3),(1,2,3)))
>>> b=np.array(((4,5,6),(4,5,6)))
>>> a-b #数组元素相减
>>> a+b #数组元素相加

>>> a/b #数组对应元素相除
>>> a*b #数组对应元素相乘
>>> a==b #数组元素值比较，结果返回布尔值

>>> a<2 #数组元素值与 2 比较，结果返回布尔值
>>> a.sum() #数组元素求和，输出一个数
>>> a.min() #数组元素求
```

除以上操作外，还可以对 np 数组进行 Python 列表和元组类似的操作，例如 2.2.2 节索引和切片等。因为 np 数组是其数据结构核心，所以 np 操作种类齐全多样。

6.3 Pandas 库

Pandas，简称 pd，是基于 NumPy 库的延伸工具包。该工具包是为了解决数据分析任务而创建的。Pandas 库纳入了大量库和一些标准的数据模型，提供了处理大型数据集所需的工具。Pandas 库提供了快速处理数据的函数和方法，使得 Python 成为强大而高效的数据分析环境的重要因素之一。

Pandas 主要的数据结构是一维数组和二维数组。其中 Series 为一维数组，与 Numpy 中的一维 array 类似。二者与 Python 基本的数据结构 List 也很相近。Series 能保存不同的数据类型，字符串、boolean 值和数字等都能保存在 Series 中。

另一个数据结构为 DataFrame，即二维的表格型数据结构。其很多功能与 R 中的 data. frame 类似。可以将 DataFrame 理解为 Series 的容器。

6.3.1 Seriels 对象

Series 对象本质上是一个 NumPy 的数组，因此 NumPy 的数组处理函数可以直接对 Series 进行处理。

Series 除了可以使用位置作为下标存取元素之外，还可以使用标签下标存取元素，这一点和字典相似。创建 Series 格式为

pandas. Series(data,index,dtype,copy)

其中：

(1) index：从 NumPy 数组中继承的 Index 对象，可保存标签信息。

(2) dtype：数据类型参数，默认为编译器推断数据类型。

创建 Pandas 模块的 Series 对象示例如代码 6.8 所示。

代码 6.8

```
>>>import pandas as pd
>>>s1 = pd. Series()
>>>s1
#创建默认的 Series 对象

>>>s2 = pd. Series([1,2,3,4,5])
>>>s2
#创建以列表为参数的 Series 对象

>>>import numpy as np
>>>data = np. array(['a','b','c','d'])
>>>s3 = pd. Series(data)
>>>s4= pd. Series(data,index=[100,101,102,103])
>>>s3,s4
#创建以 numpy 数组为参数的 Series 对象


>>>data = {'a' : 0. , 'b' : 1. , 'c' : 2. }
>>>s5 = pd. Series(data)
#字典创建 Series 对象

>>>data = {'a' : 0. , 'b' : 1. , 'c' : 2. }
>>>s6 = pd. Series(data,index=['b','c','d','a'])
>>>s6
```

6.3.2 DataFrame 对象

DataFrame 是 Series 的容器，其主要特征有以下几点：

(1) 一个类似 excel 表的数据结构。

(2) 由多个 Series 构成，每个 Series 称为一个列(column)。

(3) 表由行(index)和列(column)构成。

创建 Pandas 模块的 DataFrame 对象示例如代码 6.9 所示。

代码 6.9

```
>>>import pandas as pd
>>>import numpy as np

>>>data1=np.array([1,2,3,4])
>>>data2=np.array([5,6,7,8])
>>>s1=pd.DataFrame([data1,data2])
>>>print(s1)

>>>data1=pd.Series(np.array([1,2,3,4]))
>>>data2=pd.Series(np.array([5,6,7,8]))
>>>s2=pd.DataFrame([data1,data2])
>>>print(s2)

#字典的方式
>>>data1=pd.Series(np.array([1,2,3,4]))
>>>data2=pd.Series(np.array([5,6,7,8]))
>>>s3=pd.DataFrame({"a":data1,"b":data2});
>>>print(s3)

#改变行列名
>>>s4=pd.DataFrame([data1,data2],index=['a','b']) #改变行名
>>>s4.columns=['a','b','c','d']#改变列名,但在参数中设置值为空
```

6.3.3 常用函数

1. shape()函数

shape()函数用于设置数据的维度，例如：

```
data = pd.DataFrame(range(0,12).shape(2,2))
```

2. loc()函数

loc()函数具有丰富的索引功能，例如：

(1) 按列名(columns)索引；

(2) iloc()，按行数索引；

(3) ix()，可按数字索引，也可按属性名索引。

loc()函数的索引示例如代码 6.10 所示。

代码 6.10

```
a=pd.DataFrame(pd.Series([1,2,3,4,5,6]).reshape(2,3),columns=['a','b',
'c'],index=['x',y])
```

```
a.loc['x']
#查找 index 为 x 的元素

a.iloc[0]
#查找位于第 0 行的元素

ix[0]
a.ix['x']

#查找第 0 行及 index 为 x 的元素
```

3. head(n)函数

head(n)函数用于显示 Pandas 数据，其中参数 n 为显示前 n 行。

4. concat()函数

concat()函数用于合并 Pandas 数据，可用于保护重要参数 axis，其值 0 是按行合并的，1 是按列合并的。

6.3.4 使用 Pandas 读取数据

1. 读 excel 数据

使用 read_excel()函数时，主要参数为文件路径，示例如代码 6.11 所示。

代码 6.11

```
>>>import pandas as pd
>>>import numpy as np

>>>filefullpath = r"/home/1.xls"
# 文件所在路径

>>>df = pd.read_excel(filefullpath,skiprows=[0])

>>>print(df)
>>>print(type(df))
```

2. 读 MySQL 数据

使用 pymysql 模块读取 MySQL 数据时，需预先下载安装，其次需要连接 MySQL 数据库，参数为连接的用户名和密码等。其示例如代码 6.12 所示。

代码 6.12

```
>>>import pymysql

>>>conn =
pymysql.connect(host='localhost',user='user1',password='123456',db='test',
charset='utf8')

>>>sql = 'select * from table_name'
```

```
>>>df = pd. read_sql(sql, con=conn)
>>>conn. close()

>>>print(df)
```

3. 读 cvs

使用 read_csv()函数方法和 read_excel()类似，示例如代码 6.13 所示。

代码 6.13

```
>>>import pandas as pd
>>>import numpy as np

>>>df=pd. read_csv('filename',header=None,sep=' ',names=['column1','column2'])
>>>print(df)
```

6.4 Matplotlib 库

Matplotlib 是 Python 的绘图库。它与 NumPy 一起使用，提供了一种有效的 Matlab 开源替代方案，也可以和图形工具包一起使用，如 PyQt 和 wxPython。

绘图主要包括绘制二维图和三维图，图形是通过坐标描点绘制而成的。绘制的图形除二维图和三维图外，还有柱状图，饼状图等。

1. 绘制二维直线

绘制直线图示例如代码 6.14 所示。

代码 6.14

```
>>>import numpy as np
>>>from matplotlib import pyplot as plt

>>>x = np. arange(1,11)
#函数创建 x 轴上的值
>>>y =  2 * x + 5

#函数创建 y 轴上的值

>>>plt. title("Matplotlib demo")
>>>plt. xlabel("x axis caption")
>>>plt. ylabel("y axis caption")

#设置图标题，以及 x 轴、y 轴标签

>>>plt. plot(x,y)
>>>plt. show()
#绘图并显示
```

绘制结果如图 6.2 所示。

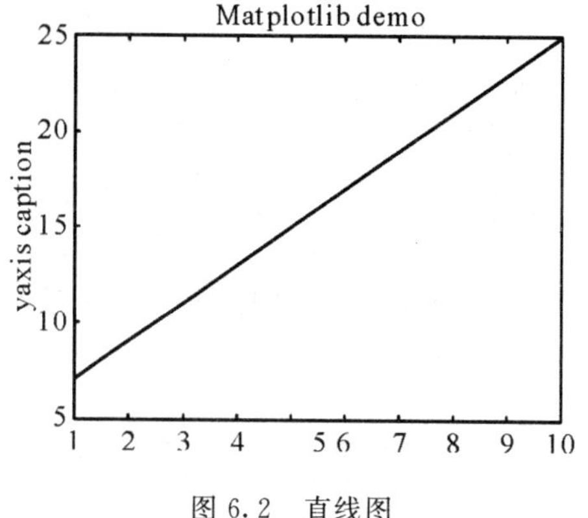

图 6.2 直线图

2. 绘制直方图

绘制直方图示例如代码 6.15 所示。

代码 6.15

```
>>>from matplotlib import pyplot as plt
>>>import numpy as np

>>>a = np.array([22,87,5,43,56,73,55,54,11,20,51,5,79,31,27])
#创建数组填充直方图数据

>>>plt.hist(a, bins = [0,20,40,60,80,100])
>>>plt.title("histogram")
#设置参数

>>>plt.show()
```

绘制结果如图 6.3 所示。

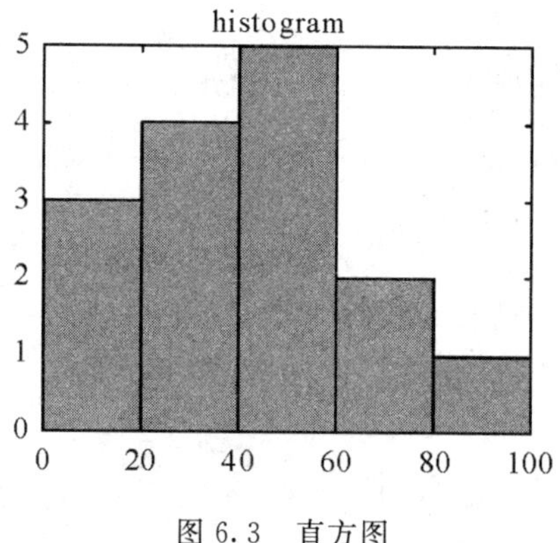

图 6.3 直方图

6.5 Django 库

Django 是一个开放源代码的 Web 应用框架，可由 Python 写成。采用 MVC

的框架模式，即模型 M、视图 V 和控制器 C。其相对主流的 Web 开发框架 Java Spring 系列更加简单精练，只需要写出核心的 MVC 函数，即可配合前端模版实现轻量级网站。

Django 框架的核心组件有：

(1) 用于创建模型的对象关系映射。

(2) 为最终用户设计的完美管理界面(自动实现的后台数据库管理)。

(3) 一流的 URL 设计，设计者友好的模板语言(前端模版生成器)。

(4) 缓存系统(实现多人在线的高并发支持)。

Django 更适合于全栈开发，可以快速开发一个完整的网站，通过精简开发流程，实现快速部署 Web 前后端的目的。Django 模型适用项目型 IDE 开发 Web 项目。下面使用 1.2.3 节中介绍的 PyCharm 来开发一个简易的 Blog(博客)网站。

6.5.1 IDE 安装和部署

PyCharm 由 JetBrains 公司开发，该公司的产品是 Java 编程语言开发撰写时所用的集成开发环境：IntelliJ IDEA。该环境可以从官网中下载 PyCharm，网址：https://www.jetbrains.com/pycharm/download。

如图 6.4 所示，PyCharm 有两种版本，Professional (专业版)和 Community (社区版)，建议下载专业版，专业版集成了 Web 常用的框架和部署，可方便 Web 开发。

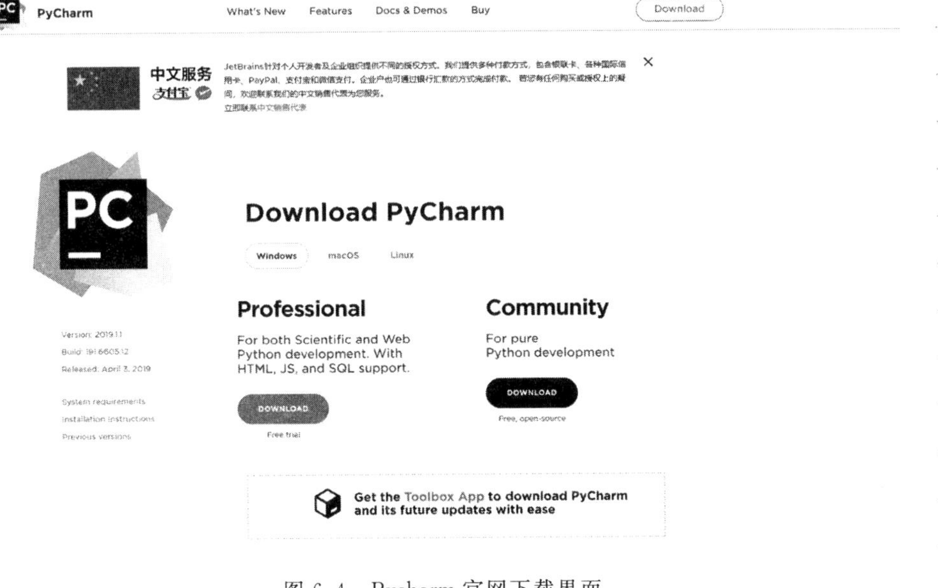

图 6.4 Pycharm 官网下载界面

PyCharm 专业版有三种认证方式，分别为账户认证、激活码认证和服务器认证，也可以免费试用 30 天。针对在校学生和教师，PyCharm 也可以通过校内邮箱在购买页面中申请免费使用。

安装完成后新建项目，专业版集成了常用框架，如 Django 项目(第二个选项)，它比 Python 项目(第一个项)集成了更多和 Web 开发相关的配置，提高了后续开发的效率。其次需要选择编译器(Interpreter)，本地已安装 Python，可以选择已安装的编译环境(Existing Interpreter)，如图 6.5 所示。

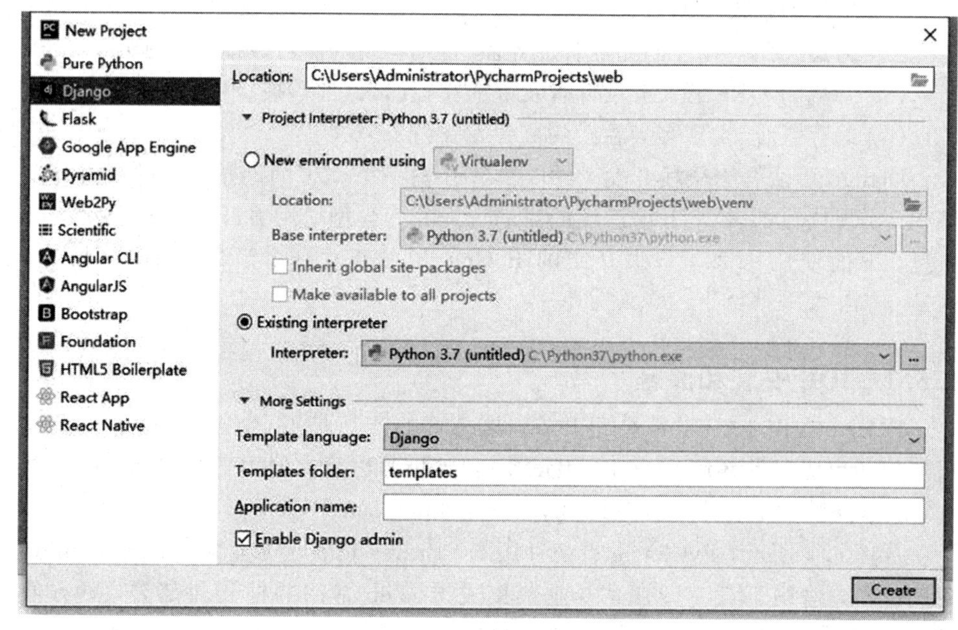

图 6.5 创建项目图

项目创建完成后，界面如图 6.6 所示，需要注意的是 PyCharm 的结构，其右下角有 Python 命令行(Python Console)和操作系统命令行(Terminal)，在项目的开发中，需要借助命令行完成一些必要项目的构建操作。

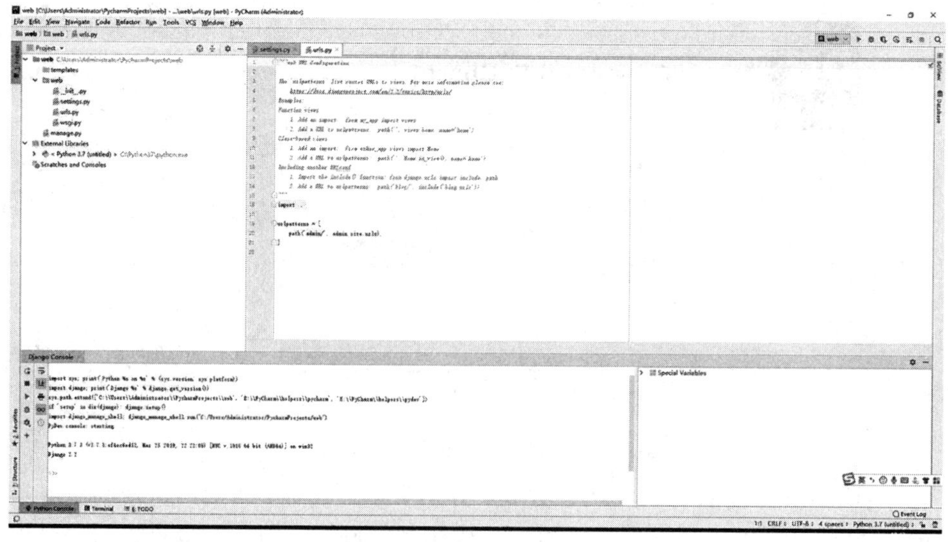

图 6.6 开发界面

如图 6.7 所示，左上角是目录结构。

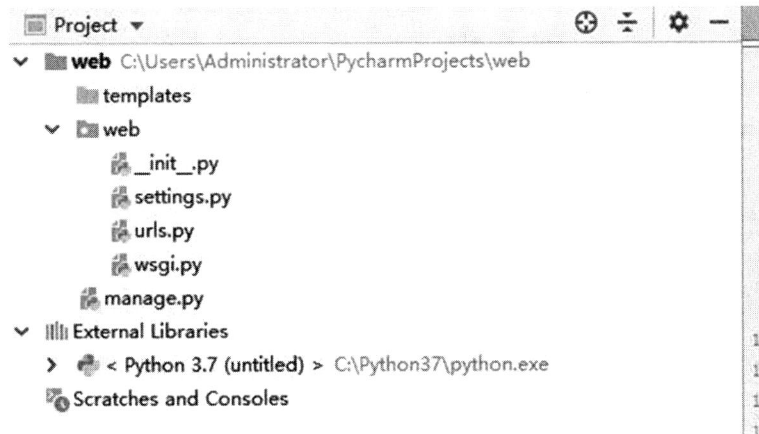

图 6.7　初始目录结构

之后随着项目的进展还会有更多的文件生成，最终生成的目录结构如图 6.8 所示。

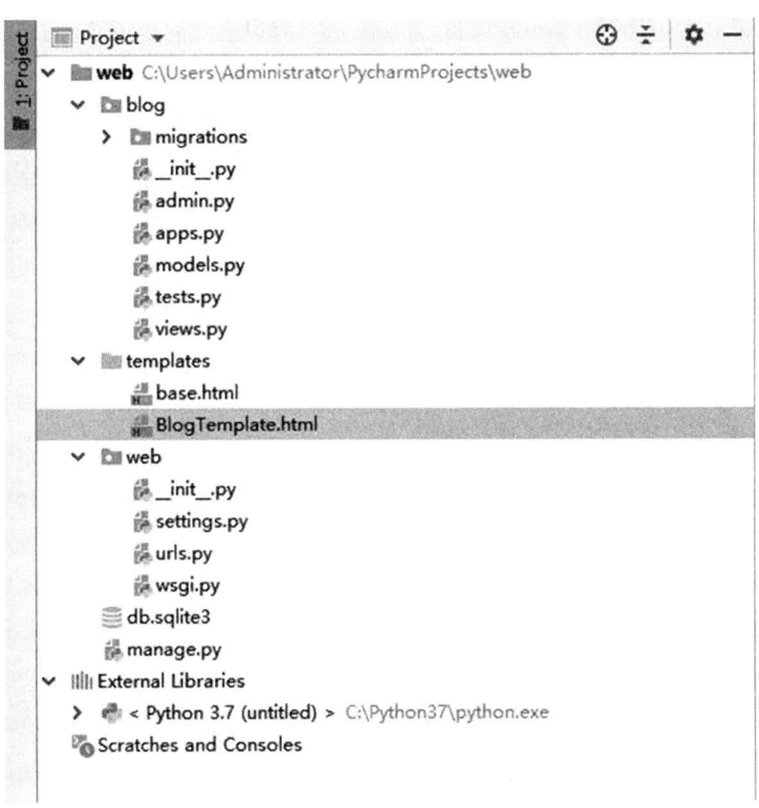

图 6.8　最终目录结构

现阶段的主要文件如下：

(1) manage. py。管理文件，该文件包含系统模块 os 和 sys，方便在代码中引用与系统调用相关的函数。同时它也是程序的入口，项目的所有命令和执行都是通过编译该文件加载完成的。其次另一个主要功能是可索引默认配置文件setting. py所在位置，以及执行配置文件的设置。

(2) _init_. py。初始化文件，初始化文件不仅存在于Django项目文件中，而且是Python的默认惯例，即包含Python文件的文件夹下都默认生成该文件，其经常为空文件。其目的是告诉编译器该文件夹是一个Python包(Package)，可防止因为包名为关键字而引起冲突，诸如String之类的字符串而引起的包名混乱，也可以在初始化文件内添加一些初始化的函数，完成其他初始化动作。

(3) settings. py。配置文件，此前提到了manage. py的第二个功能便是指定配置文件，该文件设置了关于数据库、后台管理等配置。

(4) wsgi. py。PythonWeb服务器网关接口(Server Gateway Interface，缩写为WSGI)，它是Python应用程序或框架和Web服务器之间的一种接口，已经被广泛接受，基本达到了可移植性的目标。

WSGI更像一个协议。只要遵照这些协议，WSGI应用(Application)都可以在任何服务器(Server)上运行，在WSGI标准框架中实现。

以上文件都是Web项目的重要基础文件，如果不是通过Django框架生成项目(如只是创建纯净的Python项目)，则默认没有以上文件，需要通过IDE左下角的系统命令行(Terminal)来生成，生成命令如下：

```
django - admin. py startproject mysite
```

之后使用命令行运行本地服务器测试，命令如下：

```
python manage. py runserver
```

如图6.9所示，命令行运行成功后，会弹出一个测试网址http://127.0.0.1:8000/，登录该网址即可看到测试页面。

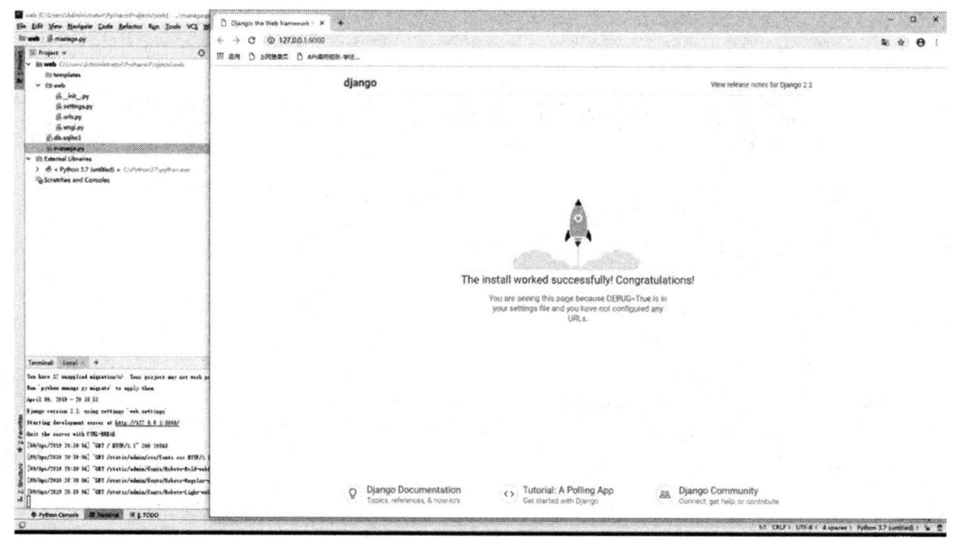

图6.9 测试页面

6.5.2 MVC 设计

Django 采用了 MVC 的框架模式：

(1) Model(模型层)。该层用于实现数据的定义。而 Web 数据主要来自后台数据库。

(2) View(视图层)。该层用于前端页面显示数据的功能实现。

(3) Control(控制层)。该层用于控制 Views 层显示的数据和后台数据 Model 层的连接和传输控制。

(4) Templates(模板)。该层用于控制并支持全栈开发，主要是控制前端显示页面的模板。

继 6.5.1 节中创建项目命令之后，需要在系统命令行上创建基于项目的 app，创建命令如下：

```
python manage.py startapp blog
```

创建完成后，刷新位于 IDE 左边的项目目录，生成名为 blog 的 app 文件夹，其中包含由 MVC 实现的 models.py 和 views.py，而控制文件 Control 是由项目文件内的 urls.py 文件实现的，如图 6.10 所示。

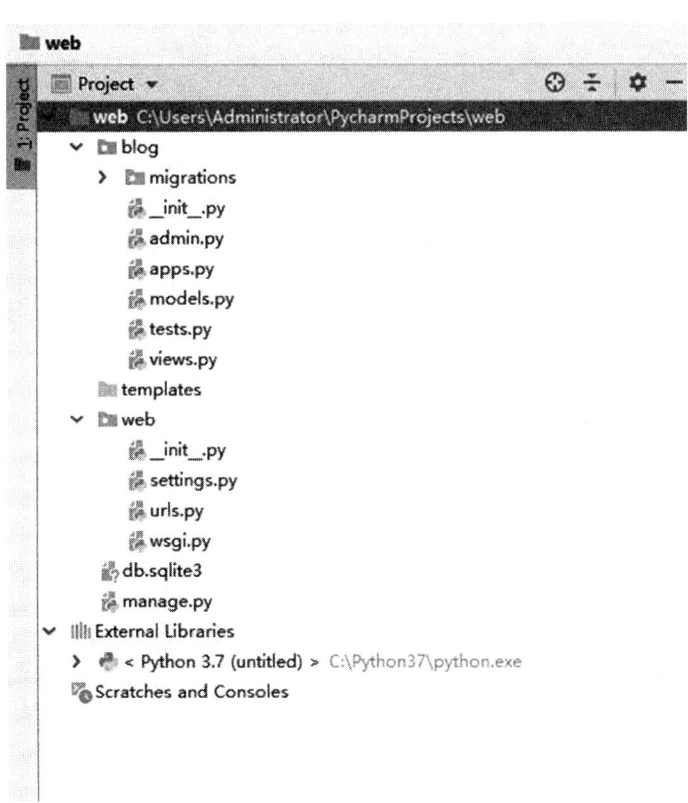

图 6.10 app 应用结构(mvc)

1. Model(模型层)

模型层是 Web 应用程序的核心层，用于定义数据库中的数据，通过构建类来对应数据库表中的一张“数据表”，其实现技术是对象关系映射 ORM(Object Relational Mapping)。

ORM 是一种程序技术，面向对象编程是在软件工程基本原则(如耦合、聚合、封装)的基础上发展起来的，现在普遍用于存储数据的关系数据库系统则是从数学理论发展而来的，两套理论存在显著的区别，为了解决这个不匹配的现象，对象关系映射技术应运而生。

ORM 用于实现面向对象编程语言中不同类型数据之间的转换，从效果上说，它其实是创建了一个可在编程语言里使用的类，通过虚拟对象对应实体数据库。即 ORM 相当于网页和后台数据库的中继数据，具体到 Python 中 Django 的 Web 框架中，Model 层的类就是这样一种中继数据。Model 层代码如代码 6.16 所示。

代码 6.16

```
#from _future_import unicode_literals
#该命令负责转码，非必须使用

from django.contrib import admin
#导入管理员类
from django.db import models
#导入 models 类

#定义数据类，包含标题、文本体、发布时间三个数据
class BlogPost(models.Model):
    title = models.CharField(max_length =150)
    body = models.TextField()
    timestamp = models.DateTimeField()
# BlogPost 类是 django.db.models.Model 的一个子类。
#它有变量 title(blog 的标题)、body(blog 的内容部分)，
#timestamp(blog 的发表时间)。

class BlogPostAdmin(admin.ModelAdmin):
    list_display = ('title','timestamp')
```

2. View(视图层)

视图层主要功能是显示数据，用于在网页中显示数据库中的数据。该层主要用于定义参数为请求(Request)和返回值为应答(Response)的请求响应函数，其作用就是针对用户在不同网页中发出不同请求后，获得不同页面的路径，再通过导入模型层的类，在页面中显示类中数据，如代码 6.17 所示。

代码 6.17

```
from blog.models import BlogPost
from django.shortcuts import  render_to_response

#定义请求响应函数
def myBlogs(request):
```

```
    blog_list = BlogPost.objects.all() #将 model 层中的全部数据赋值给 blog_list 变量
    return render_to_response('BlogTemplate.html',{'blog_list':blog_list})
#返回对应页面以及 model 层的数据(以字典形式返回)
```

3. Control(控制层)

控制层比较简单，主要完成如何映射网页的逻辑处理。即输入不同的 url 地址，映射不同的 Web 页面，可以通过正则表达式匹配，如代码 6.18 所示。

代码 6.18

```
from django.conf.urls import url
from django.contrib import admin
from blog.views import *
urlpatterns = [
    url(r'^admin/', admin.site.urls),
    #当网页 url 后缀出现 admin 时，定位服务器页面为 admin.site.urls，其为配套管理页面

    url(r'^myBlogs/$',myBlogs),
    #当网页 url 后缀出现 myBlogs 时，定位服务器页面为 myBlogs，其为具体网页

]
```

6.5.3 Templates(模板)设计前端页面

Template(模版)负责把页面展示给用户，一般为前端显示页面。可在项目根目录下创建 Templates 文件夹，并放至模板文件。如果使用 Pycharm 创建 Django框架项目，一般会自带 Templates 文件夹。

1. 配置文件

配置文件可以理解为 Templates 文件夹(用于存放前端网页)，在使用时需要对配置文件(settings.py)的 DIRS 属性进行配置，以匹配 Templates 文件夹路径。具体格式如下：

'DIRS':[os.path.join(BASE_DIR,'templates')],

配置文件如代码 6.19 所示。

代码 6.19

```
TEMPLATES = [
    {

        'BACKEND':'django.template.backends.django.DjangoTemplates',
        'DIRS':[os.path.join(BASE_DIR,'templates')],
    #该项传入 os.path.join 函数配置，其第一个参数为路径，第二个参数为文件名
        'APP_DIRS':True,
        'OPTIONS':{
            'context_processors':[
                'django.template.context_processors.debug',
```

```
                'django.template.context_processors.request',
                'django.contrib.auth.context_processors.auth',
                'django.contrib.messages.context_processors.messages',
            ],
        },
    },
]
```

2. 基类模板

基类模板是一个前端页面，涉及前端语言 HTML 和 CSS，分别负责网页文本的内容和样式，该类语言通过不同标签声明不同内容，这里不对前端语言技术做延伸学习，感兴趣的读者可以自学。

下面展示页面代码(见代码 6.20)，主要包括网页的标题和布局，内容通过动态变量来设定，其在子类网页中补充，动态变量定义符号为{% x %}，其中 x 为变量名。

代码 6.20

```
#名为 base.html

<!DOCTYPE html>
<html lang="zh">
<head>
    <meta charset="UTF-8">
    <title>标题</title>
</head>
<style type="text/css">
    body{
        color: #efd;
        background: #BBBBBB;
        padding: 12px 5em;
        margin:7px;
    }
    h1{
        padding: 2em;
        background: #675;
    }
    h2{
        color: #85F2F2;
        border-top: 1px dotted #fff;
        margin-top:2em;
    }
    p{
```

```
        margin:1em 0;
    }
</style>
<body>
<h1>XX 博文</h1>
<h3>小生不才，但求简约！</h3>
{% block content %}
{% endblock %}
</body>
</html>
```

3. 子类网页

子类网页主要展示博客的主要内容，包括博客的标题、内容和发表时间，即模型层中的类，因此通过动态变量定义网页变量 blog_list 对应视图层中的 blog_list 变量，具体如代码 6.21 所示。

代码 6.21

```
#名为 BlogTemplate.html

{% extends "base.html" %}
    {% block content %}
        {% for post in blog_list %}
            <h2>{{ post.title }}</h2>
            <p>{{ post.timestamp }}</p>
            <p>{{ post.body }}</p>
        {% endfor %}
    {% endblock %}
```

6.5.4 配置与调试

接下来完成 Web 运行所需的必要配置和调试。首先需要在配置文件 setting.py 内注册 app，即在配置文件中 INSTALLED_APP 列表中登记该 app 的名字(blog)。具体如代码 6.22 所示。

代码 6.22

```
INSTALLED_APPS = (
    'django.contrib.admin',
    'django.contrib.auth',
    'django.contrib.contenttypes',
    'django.contrib.sessions',
    'django.contrib.messages',
    'django.contrib.staticfiles',
    'blog', #加上 app 的名字
)
```

最后需要在PyCharm命令行上完成数据迁移，即把模型层中的类迁移到对应的数据库中，常用的数据库有Mysql和Django自带的sqlite数据库，而默认的sqlite是自动集成的，无需额外配置。

第一条命令是生成文件：

```
python manage. py makemigrations
```

执行命令后，如图6.11所示，会生成migrations文件夹，文件夹下包括0001_initial. py文件和_init_py文件，其中0001_initial. py文件中包括migration类，记录了迁移数据的类型和字段。

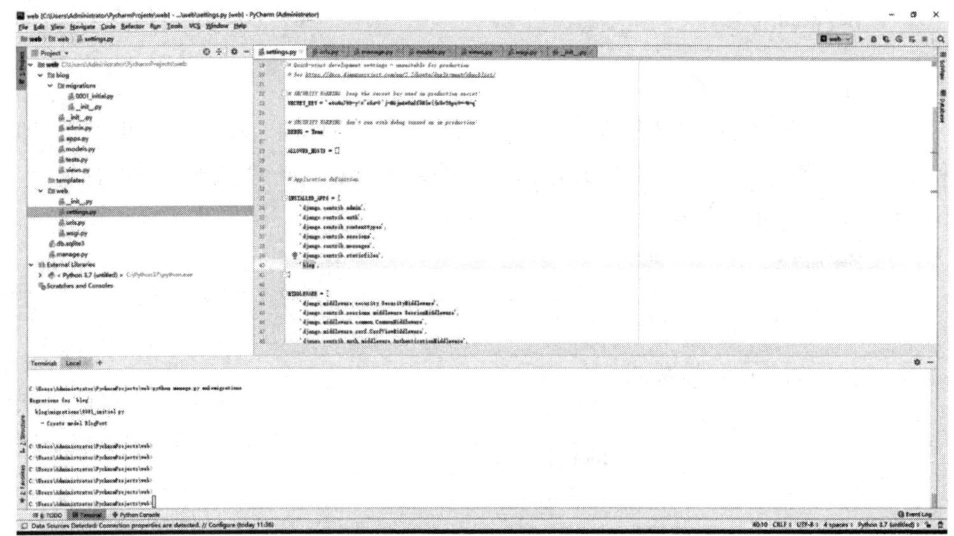

图6.11　数据迁移

然后执行命令同步到数据库，命令如下：

```
pythonmanage. py migrate
```

执行命令后，如图6.12所示，表明数据从迁移数据类中同步到了数据库。

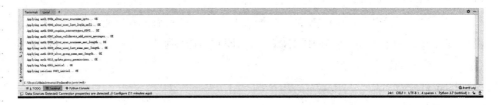

图6.12　数据同步

最后在命令行中创建后台管理员，管理员是继承于Django框架下的后台管理模块：django. contrib. admin，它是Django自带的后台管理员模块。使用时在模型管理层即admin. py文件中导入该模块，并在控制层即urls. py中配置其网页映射。

该模块自动实现Web后台管理功能，方便控制Model层所对应的后台数据库数据。该模块无需实现，可以直接导入应用，可通过路由匹配对应的网页直接控制后台数据库的数据操作，如数据的增加、删除和修改等操作。

需要注意的是，其他模型的使用不仅要导入模型管理层，还需要注册对应的类，而后台管理员模型即 admin 模型只需导入即可使用，因此 admin. py 的代码如下(Pycharm 可默认生成该代码)：

```
from django. contrib import admin #导入后台管理员模型
```

之后在命令行(Terminal)中创建后台管理员，命令如下：

```
python manage. py  createsuperuser
```

创建过程中命令行会提示用户输入用户名、邮箱和密码，其中邮箱可以省略，创建成功后如图 6.13 所示。

图 6.13　创建后台管理员

接着进入最后一项配置，即完成 models 层中的数据类型注册，这里主要指先前创建的 blog 数据类，即在 admin. py 中添加如下两段代码：

```
from blog. models import BlogPost #导入数据类
admin. site. register(BlogPost) #注册数据类
```

最后启动本地服务器，命令同样为

```
python manage. py runserver
```

当在本地服务器网址后缀处加上 admin 时，即 http://127.0.0.1:8000/admin。这时会出现管理页面，输入之前创建的管理员账号和密码，即可进入后台管理页面，管理博客类(BlogPost 类)的内容如图 6.14 所示。

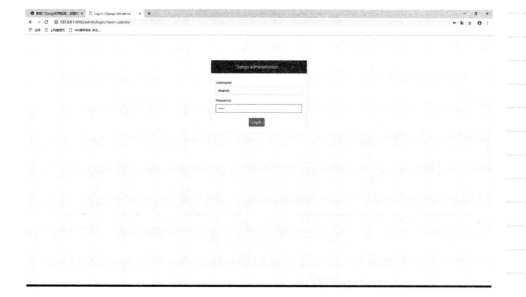

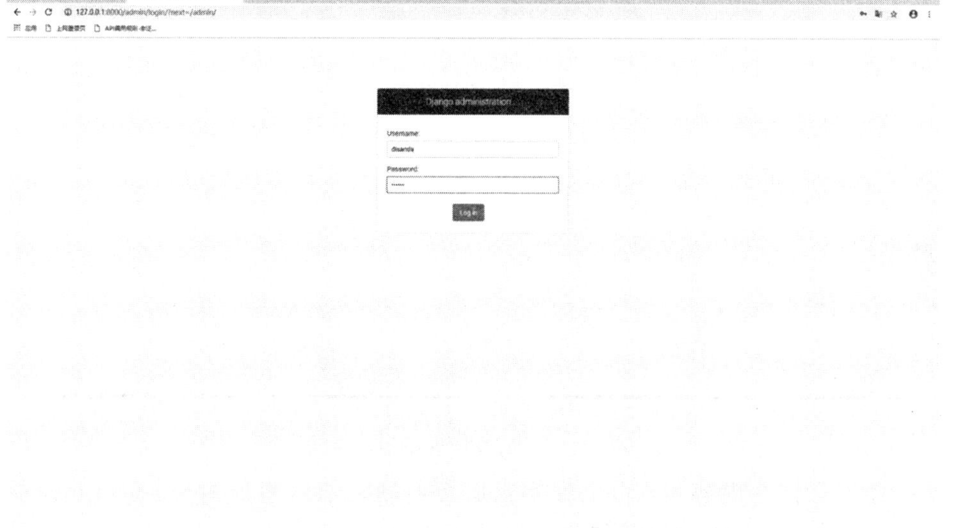

图 6.14　创建后台管理员

在输入账号和密码后，进入后台管理页面，如图 6.15 所示。点击 Blog 的 add 按钮，可以添加博客的内容，如图 6.16 所示。

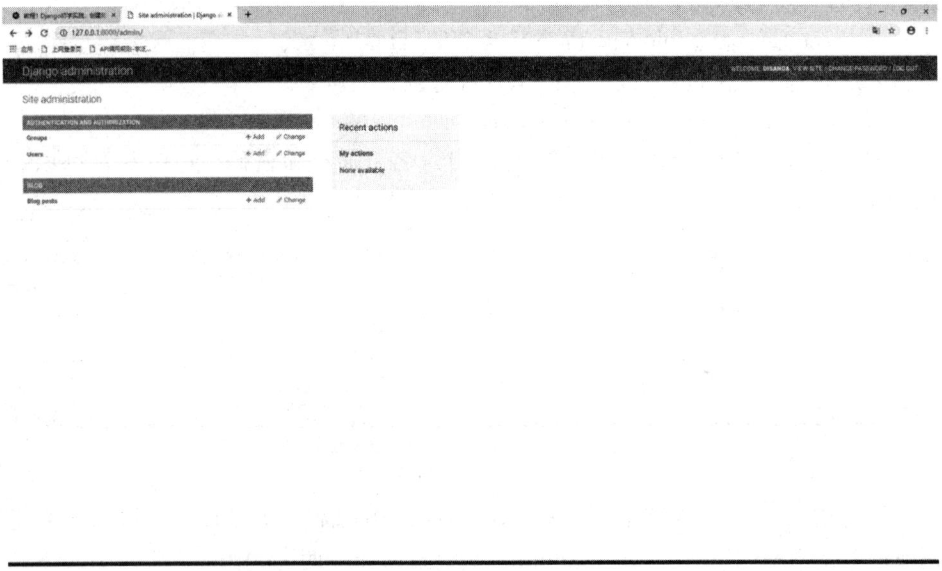

图 6.15 后台管理页面

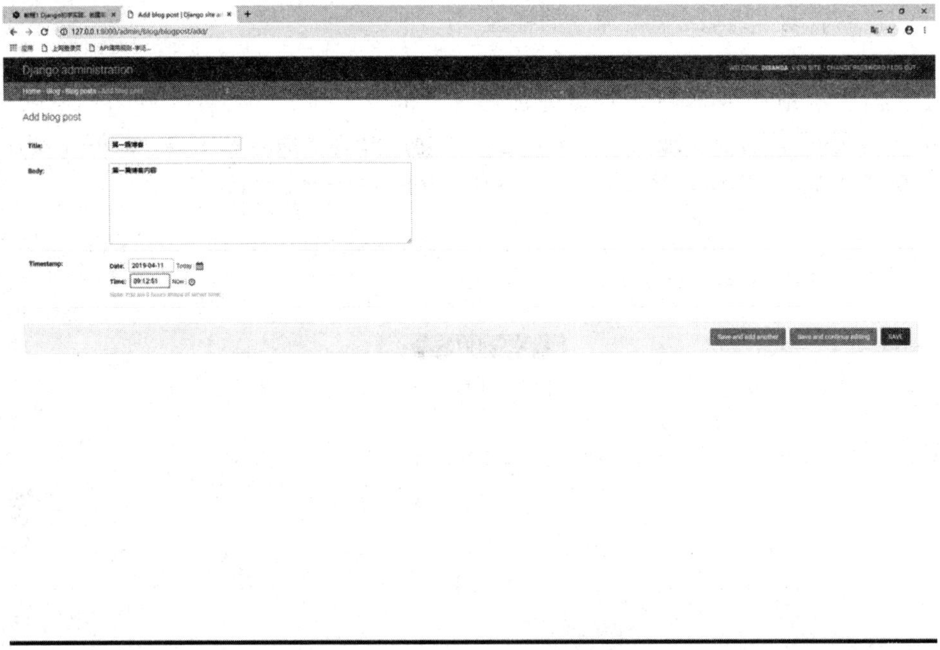

图 6.16 博客内容添加页面

添加完博客内容后，可以在本地服务器网址的后缀处加上 Controller 层(urls.py 文件)文件中设定的路径字符 myBlogs，即 http://127.0.0.1:8000/myBlogs/。这时会出现博客展示页面，先前创建的博客将会展示出来，具体如图 6.17 所示。

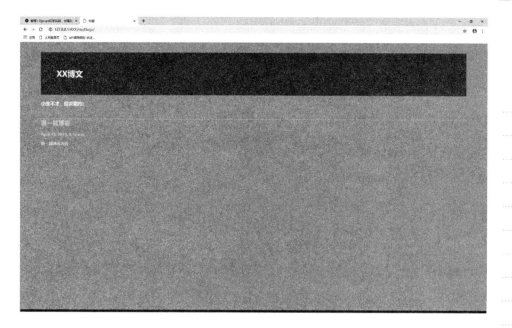

图 6.17　博客前台页面

至此，整个博客的前台显示和后台管理就已搭建完成，这里没有使用第三方数据库，如果读者想实现基于 Django 框架的 Mysql 数据库后台，完成对 Mysql 数据库的增删改，可以参考作者博客 https://disanda.github.io/categories/下的 Django 框架的相关内容。

本章小结

本章介绍了 Python 标准库和第三方库，包括标准库中的内置函数和异常库模块、操作系统接口相关模块、数据处理相关模块，以及正则表达式模块，同时介绍了常用的第三方库，包括 NumPy、Pandas、Django 和 Matplotlib 等。

课后作业

一、单项选择题

1. 以下哪一个模块可以输入标准库。(　　)

A. Django　　B. NumPy　　C. os　　D. Scipy

2. 以下哪一个标准库可以完成数学计算。(　　)

A. re　　B. math　　C. operator　　D. gc

3. 以下哪一个第三方库数据类型是 Pandas 支持的。(　　)

A. Scipy　　B. Django　　C. Date　　D. NumPy

4. 以下关于标准库说法正确的是(　　)。

A. 标准库都需要手动导入　　B. 标准库都不需要手动导入

C. 标准库部分需要手动导入　　D. 标准库需要下载安装

5. 以下关于第三方模块说法错误的是(　　)。

A. pip 工具可以安装第三方库

B. 第三方库不需要升级

C. Python2 能用的第三方库 Python3 也能用

D. 合理利用第三方库能提高开发效率

参考答案：1. C　2. B　3. D　4. B　5. B

二、简答题

1. 什么是标准库？常见标准库有哪些？分别举例说明三个标准库及其作用。

2. 给出一个第三方库并说明其用途。

实 战 篇

第7章

网络传播热点应用实战——网络爬虫

◆ 学习目标

了解爬虫技术
了解网络编程
掌握正则表达式

◆ 本章重点

正则表达式
网络编程

本章围绕Python爬虫原理和技术，介绍Python常用爬虫相关模块，同时结合交管平台数据，介绍了抓取以交管平台数据为主的传播热点咨询的方法。

7.1 项目背景

当前数据大多都是通过网络展示和传输的，如何抓取网络数据，是本章的主要内容。

本项目主要针对交通管理数据，当前全国交管数据都通过《交通管理局的交通安全综合服务平台》发布，并以网页的形式进行展示。

以贵州省为例，其交管数据咨询通过平台https://gz.122.gov.cn/发布，具体信息如图7.1和图7.2所示，抓取后的数据如图7.3所示。

图 7.1　交管平台资讯栏

图 7.2　交管平台资讯

图 7.3　爬取后的新闻数据(保存于记事本)

7.2 爬虫基础介绍

网络爬虫(又被称为网页蜘蛛、网络机器人，在FOAF社区被称为网页追逐者)，是一种按照一定的规则，自动地抓取万维网信息的程序或者脚本。另外一些不常使用的名字还有蚂蚁、自动索引、模拟程序或者蠕虫。

7.2.1 爬虫技术原理

网络爬虫是一个自动提取网页的程序，可从万维网上下载网页，是搜索引擎的重要组成。

传统爬虫从一个或若干初始网页的URL开始，获得初始网页上的URL，在抓取网页的过程中，不断从当前页面上抽取新的URL放入队列，直到满足系统的停止条件。

聚焦爬虫的工作流程较为复杂，需要根据一定的网页分析算法过滤与主题无关的链接，保留有用的链接并将其放入等待抓取的URL队列。然后，它将根据一定的搜索策略从队列中选择下一步要抓取的网页URL，并重复上述过程，直到达到系统的某一条件时停止。

另外，所有被爬虫抓取的网页将会被系统存储，进行一定的分析、过滤，并建立索引，以便之后的查询和检索；对于聚焦爬虫来说，这一过程所得到的分析结果还可能对以后的抓取过程给出反馈和指导。

实现爬虫主要涉及工作如下：

(1) 对计算机网络中的Web站点连接和URL进行搜索。

(2) 对HTTP网页数据进行分析与过滤。

(3) 对目标数据进行描述或定义。

7.2.2 Python爬虫技术

Python以“胶水”语言为名，其丰富的类库具有实现爬虫所需的大部分模块，只需要运用Python常用爬虫相关模块，就可以快速简洁地开发出项目所需的爬虫。常见模块包括：

(1) re模块。re模块即正则表达式模块，负责根据抓取目标数据的描述和定义特征，抓取目标数据。

(2) socket模块。socket模块即网络编程模块，负责计算机网络中网站服务器的连接，以及网站数据的传输等。

(3) urllib模块。urllib模块提供了一系列用于操作URL的功能，可通过URL连接网络并传输数据。

(4) Scrapy模块。Scrapy是一个快速、高层次的屏幕抓取和Web抓取的框架，用于抓取Web站点并从页面中提取结构化的数据。Scrapy用途广泛，可以用于数据挖掘、监测和自动化测试。它提供了多种类型爬虫的基类，如BaseSpider、sitemap爬虫等。Scrapy框架可以快速实现遍历爬行目标网站、分解获取所需数据，其广泛应用在数据挖掘、信息处理和历史数据打包等领域。

7.3　正则表达式

正则表达式又称规则表达式(Regular Expression，在代码中常简写为regex、regexp 或 re)，通常被用来检索、替换那些符合某个模式(规则)的文本。

许多程序设计语言都支持利用正则表达式进行字符串操作。例如，在 Python 中应用 re 模块，就内建了一个功能强大的正则表达式引擎。正则表达式这个概念最初是由 Unix 中的工具软件(例如 sed 和 grep)普及开的。正则表达式通常缩写成“regex”，单数有 regexp、regex，复数有 regexps、regexes、regexen。

7.3.1　匹配规则

以字符串匹配为例，通过导入 re 模块对字符串匹配，需要创建一个正则匹配对象，通过 re 模块的 compile()方法实现，其参数为正则表达式，也称匹配模式，以字符串形式传入。

本例通过正则表达式对象实现匹配数字、去除字母字符的目的，其中 findall()方法是找到字符串中与匹配字符相同的字符串，参数为正则表达式，并返回结果，同时 findall()对象参数也可以直接为正则表达式，如代码 7.1 所示。

代码 7.1

```
>>>import re #导入正则表达式模块

#1
>>>pattern = re.compile('\d+\.\d+') #创建一个正则表达式对象
>>>str = "1.12321, 432423.32 abc 123.123 342"
>>>result = pattern.findall(str)

#2
>>>result2 = re.findall('\d+\.\d+',str)
```

执行结果如图 7.4 所示。

```
>>> import re
>>> pattern = re.compile('\d+\.\d+')
>>> str = "1.12321, 432423.32 abc 123.123 342"
>>> result = pattern.findall(str)
>>> result
['1.12321', '432423.32', '123.123']
>>> result2 = re.findall('\d+\.\d+',str)
>>> result2
['1.12321', '432423.32', '123.123']
>>>
```

图 7.4　正则表达式匹配数字

常用 re 模块的方法如下：

(1) compile()。该参数为正则表达式，通过编译正则表达式，返回一个正则表达式对象。

(2) findall()。该参数为正则表达式(可选)和字符串，返回字符串中所有的匹配(以空格为间隔)。

(3) search()。该参数为正则表达式(可选)和字符串，匹配整个字符串，直到找到一个匹配。

(4) match()。该参数为正则表达式(可选)和字符串，从字符串起始位置开始匹配一个参数，该参数符合正则表达式的字符串。

(5) split()。该参数为正则表达式(可选)和字符串，将匹配到的字符串作为分割点，对字符串进行分割，最终返回分割成列表。

(6) sub()。该参数为正则表达式(可选)和字符串，用于将匹配到的字符串替换为参数中的字符串。

7.3.2 字符串前缀

匹配规则以字符串形式作为参数传入相应的匹配方法。字符串前缀用于匹配字符前固定字符编码格式。

例如代码 re.compile(u'+.+')，其中字符串'+.+'是参数，字符串前的 u 是固定前缀，用于固定编码格式以支持中文编码。常见前缀如下：

(1) u/U：表示字符串为 unicode 编码。其特点如下：

① 不仅仅针对中文，可以针对任何字符串，该前缀表示对字符串进行unicode编码。

② 一般英文字符在使用不同编码的情况下，都可以正常解析，所以一般不带 u；但是针对中文，必须表明所需编码，否则一旦编码转换就会出现乱码。

③ 建议所有编码方式采用 utf8，对中英文支持较好。

(2) r/R：表示字符串为非转义的原始字符串。其特点如下：

① 与普通字符相比，字符串内可能含有特殊符号的字符，也可能包含转义字符，即那些表示对应的特殊含义的字符，例如最常见的字符"\n"表示换行，"\t"表示 Tab 等。

② 如果字符串前缀以 r 开头，那么说明后面的字符都是普通的字符，即有前缀 r 的情况下字符串中包含特殊字符"\n"仅表示一个反斜杠字符，一个字母 n，而不是表示换行符了。

③ 以 r 开头的字符，常用于正则表达式，对应于 re 模块。

(3) b：表示字符串采用 bytes 编码。其特点如下：

① Python3. x 中默认的 str 是(Python2. x 中的)unicode。

② bytes 是(Python2. x)的 str，b 前缀代表的是 bytes。

③ Python2. x 中，b 前缀没什么具体意义，只是为了兼容 Python3. x 的这种写法。

7.3.3 正则表达式符号

正则表达式是匹配的最基本的元素，称为匹配模式，它们是一组描述字符串特征的字符。模式可以很简单，由普通的字符串组成，也可以非常复杂，往往用特殊的字符表示一个范围内的字符重复出现，或表示上下文。

正则表达式通常以字符串形式作为参数传入对应方法，是一套匹配规则，各类开发语言都能使用。常见的正则表达式符号如表 7.1 所示。

表 7.1 常见的正则表达式符号

字符	意义
.	除了换行外的所有字符
[]	匹配内部的任一字符或子表达式
[^]	对字符集取非
-	定义一个区间
\	对下一字符取非(通常是普通变特殊,特殊变普通)
*	匹配前面的字符或者子表达式 0 次或多次
*?	非贪心算法匹配上一个
+	匹配前一个字符或子表达式一次或多次
?	匹配前一个 0 次或 1 次重复的字符或子表达式
{n}	匹配前一个字符或子表达式
{m, n}	匹配前一个字符或子表达式至少 m 次至多 n 次
{n,}	匹配前一个字符或子表达式至少 n 次
{n,}?	前一个字符的非贪心算法
\A	匹配字符串开头
$	匹配字符串结束
[\b]	退格字符
\c	匹配一个控制字符
\d	匹配任意数字
\D	匹配数字以外的字符
\t	匹配制表符
\w	匹配任意数字、字母或下划线字符
\W	除字母、数字和下划线以外的任何字符

7.3.4 匹配实例

1. ^和 $

^符号用来匹配已给定模式开头的字符串，$ 符号用来匹配已给定模式结尾的字符串。正则表达式匹配英文字符示例如代码 7.2 所示。

代码 7.2

```
>>>import re #导入正则表达式模块
>>>str = "abc aaa abc aaaabbb bbcvc das"

>>>r1 = re.search('^abc',str)
>>>r1
```

```
>>>r2 = re.search('das$',str)
>>>r2
```

运行结果如图 7.5 所示。

```
>>> str = "abc aaa abc aaaabbb bbcvc das"
>>> r1 = re.search('^abc',str)
>>> r1
<_sre.SRE_Match object; span=(0, 3), match='abc'>
>>> r2 = re.search('das$',str)
>>> r2
<_sre.SRE_Match object; span=(26, 29), match='das'>
>>>
```

图 7.5 正则表达式匹配字符

2. .*和.*?

前者匹配结果重复最大的字符串，后者匹配结果重复最小的字符串。正则表达式匹配重复字符示例如代码 7.3 所示。

代码 7.3

```
>>>s = 'aabab'
>>>r1 = re.search('a.*b',s) #结果为 aabab
>>>r1

>>>r2 = re.search('a.*?b',s) #结果为 aab
>>>r2
```

运行结果如图 7.6 所示。

```
>>> r1 = re.search('a.*b',s)
>>> r1
<_sre.SRE_Match object; span=(0, 5), match='aabab'>
>>> r2 = re.search('a.*?b',s)
>>> r2
<_sre.SRE_Match object; span=(0, 3), match='aab'>
>>>
```

图 7.6 正则表达式匹配重复字符串

3. {}和\d

{m}是指匹配前一个字符 m 次，\d 为对应位置上的数字。下面以匹配手机号码为例介绍{}和\d 匹配，如代码 7.4 所示。

代码 7.4

```
>>>import re

>>>text="s127 3628391387 17648372936 183930627 1g82732973 28649703767 13888263028"

>>>m=re.findall(r"1\d{10}",text)

>>>m
```

运行结果如图 7.7 所示。

```
>>> text="s127 3628391387 17648372936 183930627 1g82732973 28649703767 13888263028"
>>> m=re.findall(r"1\d{10}",text)
>>> m
['17648372936', '13888263028']
>>> 
```

图 7.7　正则表达式匹配手机号

7.4　网络编程

网络编程是一门独立而重要的计算机基础学科。如图 7.8 所示，计算机网络可分为国际标准化组织(ISO)拟定的七层协议和在该协议运用中约定俗成的网络五层协议，以实现从硬件到软件的应用。例如网线网卡(IEEE 协议)到最终的 IE 浏览器(HTTP 协议)依赖于各层技术的联通实现。

OSI七层网络模型	概念层	对应网络协议
应用层(Application)		TFTP、FTP、NFS
表示层(Presentation)	应用层	Telnet、rlogin、SNMP
会话层(Session)		SMTP、DNS
传输层(Transport)	传输层	TCP、UDP
网络层(Network)	网络层	IP、ICMP、ARP、RARP
数据链路层(Data Link)	网络接口	FDDI、Ethernet、Arpanet
物理层(Physical)		IEEE 802.1A

图 7.8　网络 ISO 七层协议

如果编程的目的是处理数据(数据＋计算)，那么网络编程就负责把数据从一端传到另一端。自从互联网诞生以来，基本上所有的程序都是网络程序，很少有单机版的程序了。

计算机网络就是把各个计算机连接到一起，让网络中的计算机可以互相通信。网络编程则实现两台计算机的通信。

当使用浏览器访问新浪网时，你的计算机就和网易的某台服务器通过互联网连接起来了，然后，网易服务器把网页内容作为数据通过互联网传输到你的计算机上。

计算机上可能不只有浏览器，还有 QQ、Skype、Dropbox、邮件客户端等，网络通信是两台计算机上的两个进程之间的通信。比如，浏览器进程和网易服务器上的某个 Web 服务进程在通信，而 QQ 进程和腾讯的某个服务器上的某个进程在通信。

网络通信就是两个进程直接的通信。

用 Python 进行网络编程，就是在 Python 程序这个进程内，连接别的服务器进程的通信端口进行通信。

7.4.1 TCP/IP 协议

虽然大家对互联网很熟悉，但是计算机网络的出现比互联网要早很多。

计算机为了联网，就必须规定通信协议，早期的计算机网络，都是由各厂商自己规定的一套协议，IBM、Apple 和 Microsoft 都有各自的网络协议，互不兼容。这就好比一群人有的说英语，有的说中文，有的说德语，说同一种语言的人可以交流，不同语言之间就不行了。

为了把全世界所有不同类型的计算机都连接起来，就必须规定一套全球通用的协议，互联网协议簇(Internet Protocol Suite)就是通用协议标准。Internet 是由 inter 和 net 两个单词组合起来的，就是指连接“网络”的网络。有了 Internet，任何私有网络，只要支持这个协议，就可以接入互联网了。

互联网协议包含了上百种协议标准，但是最重要的两个协议是 TCP 和 IP 协议。互联网的协议简称 TCP/IP 协议。

1. IP 协议

通信的时候，双方必须知道对方的标识，好比发邮件必须知道对方的邮件地址。互联网上每个计算机的唯一标识就是 IP 地址，类似 123.123.123.123。如果一台计算机同时接入到两个或更多的网络，比如路由器，它就会有两个或多个 IP 地址，所以，实际上 IP 地址对应的是计算机的网络接口，通常是指网卡。

IP(Internet Protocol)协议负责把数据从一台计算机通过网络发送到另一台计算机上。数据被分割成一小块一小块，也称数据包，然后通过 IP 包发送出去。由于互联网链路复杂，两台计算机之间有多条线路，因此，路由器就负责决定如何把一个 IP 包转发出去。IP 包的特点是按块发送，途径多个路由，但不保证能到达，也不保证顺序到达。

2. TCP 协议

TCP(Transmission Control Protocol)协议则是建立在 IP 协议之上的。TCP 协议负责在两台计算机之间建立可靠连接，保证数据包按顺序到达。TCP 协议会通过握手建立连接，然后，对每个 IP 包编号，确保对方按顺序收到，如果 IP 包丢掉了，就自动重发。TCP 连接所需的三次握手机制如图 7.9 所示。

常用的更高级的协议都是建立在 TCP 协议基础上的，比如用于浏览器的 HTTP 协议、发送邮件的 SMTP 协议等。

一个 IP 包除了包含要传输的数据外，还包含源 IP 地址和目标 IP 地址，以及源端口和目标端口。

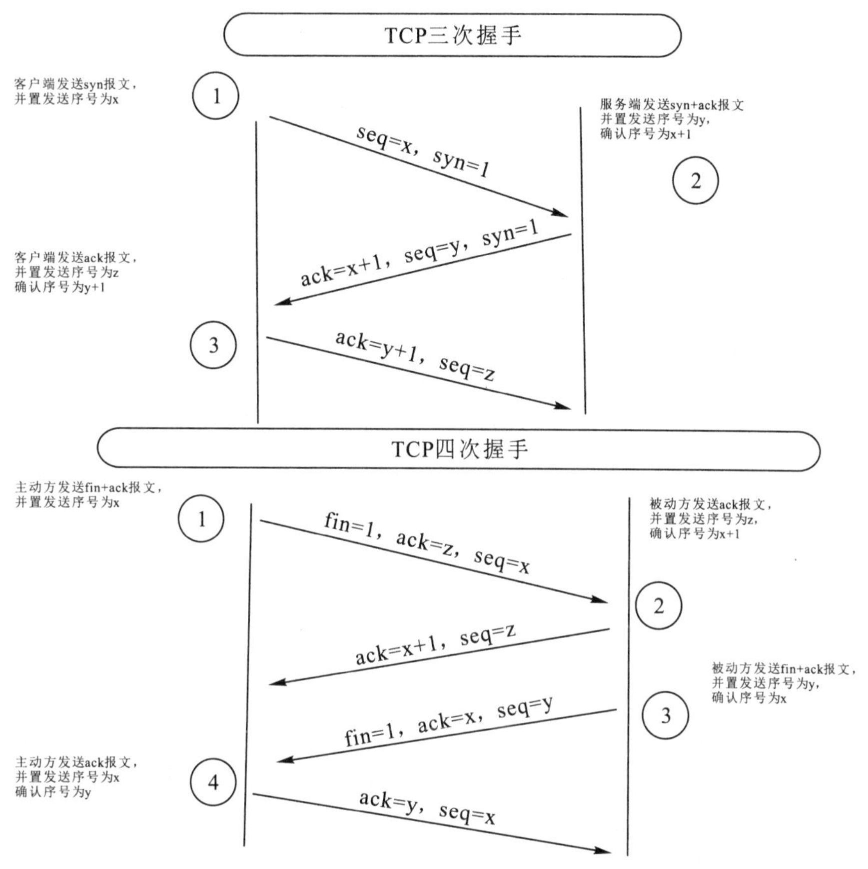

图 7.9 TCP 三次握手和四次握手

3. UDP

TCP 是建立可靠连接的协议，并且通信双方都可以以流的形式发送数据。相对 TCP，UDP(User Datagram Protocol)是面向无连接的协议。使用 UDP 协议时，不需要建立连接。UDP 只需要知道对方的 IP 地址和端口号，就可以直接发送数据包。但是，能不能到达就不知道了。

虽然用 UDP 传输数据不可靠，但和 TCP 相比，速度快，对于不要求可靠到达的数据，就可以使用 UDP 协议。使用 UDP 的通信双方也分为客户端和服务器。服务器首先需要绑定端口。

4. 端口

在两台计算机通信时，只发 IP 地址是不够的，因为同一台计算机上跑着多个网络程序。一个 IP 包来了之后，到底是交给浏览器还是交给 QQ，就需要端口(port)号来区分。每个网络程序都向操作系统申请唯一的端口号，这样，两个进程在两台计算机之间建立网络连接就需要各自的 IP 地址和各自的端口号。

一个进程也可能同时与多个计算机建立链接，因此它会申请很多端口。

5. socket

socket 是网络编程的一个抽象概念。通常用一个 socket 表示“打开了一个网络链接”，而打开一个 socket，需要知道目标计算机的 IP 地址和端口号，再指定协议类型即可。

客户端大多数连接都是可靠的 TCP 连接。创建 TCP 连接时，主动发起连接的叫客户端，被动响应连接的叫服务器。

举个例子，当我们在浏览器中访问新浪网站时，我们自己的计算机就是客户端，浏览器会主动向新浪的服务器发起连接。如果一切顺利，新浪的服务器接受了我们的连接，一个 TCP 连接就建立起来了，后面的通信就是发送网页内容。

所以，要创建一个基于 TCP 连接的 socket，可以进行如代码 7.5 所示的操作。

代码 7.5

```
    #导入 socket 库：
>>>import socket

#创建一个 socket：
>>>s = socket.socket(socket.AF_INET, socket.SOCK_STREAM)
    #建立连接：
>>>s.connect(('www.sina.com.cn', 80))
```

当客户端要主动发起 TCP 连接时，必须知道服务器的 IP 地址和端口号。新浪网站的 IP 地址可以用域名 www.sina.com.cn 自动转换到 IP 地址，但是怎么知道新浪服务器的端口号呢?

答案是作为服务器，提供什么样的服务，端口号就必须固定下来。由于我们想要访问网页，因此新浪提供网页服务的服务器必须把端口号固定在 80 端口，因为 80 端口是 Web 服务的标准端口。其他服务都有对应的标准端口号，例如 SMTP 服务是 25 端口，FTP 服务是 21 端口，等等。端口号小于 1024 的是 Internet标准服务的端口，端口号大于 1024 的，可以任意使用。

注意：参数是一个 tuple，包含地址和端口号。

建立 TCP 连接后，就可以向新浪服务器发送请求，要求返回首页的内容，在本章最后一节将完成这个实例。

7.4.2 网络编程(TCP)

以下基于 TCP 的网络编程，分别编写服务器端和客户端程序，以实现相互的访问并传输数据。在本地运行时，可以打开两个命令行窗口，以分别测试服务器端和客户端的程序。

1. 服务器端

(1) 创建 socket 对象。例如：

```
s = socket.socket(socket.AF_INET, socket.SOCK_STREAM)
```

创建 socket 时，AF_INET 指定使用 IPv4 协议，如果要用更先进的 IPv6，就指定为 AF_INET6。SOCK_STREAM 指定使用面向流的 TCP 协议，这样，一个 socket 对象就创建成功，但是还没有建立连接。

（2）绑定端口。例如：

```
s.bind(('127.0.0.1', 9999))
```

绑定监听的IP地址和端口，小于1024的端口号必须要有管理员权限才能绑定。

（3）监听端口。例如：

```
s.listen(5)
```

调用listen()方法开始监听端口，传入的参数指定等待连接的最大数量。

（4）建立连接函数。例如：

```
data = sock.recv(1024)
```

接收数据时，调用recv(max)方法，一次最多只能接收指定的字节数。因此，需要在一个while循环中反复接收，直到recv()返回空数据，表示接收完毕，退出循环。

（5）创建线程使用连接函数收发数据。每个连接都必须创建新线程(或进程)来处理，否则，单线程在处理连接的过程中，无法接收其他客户端的连接。

服务器程序通过一个永久循环来接收来自客户端的连接，accept()会等待并返回一个客户端的连接。

服务器端程序如代码7.6所示。

代码7.6

```
import socket
import threading
import time

s = socket.socket(socket.AF_INET, socket.SOCK_STREAM)

# 监听端口：
s.bind(('127.0.0.1', 9999))

s.listen(5)
print('Waiting for connection...')

def tcplink(sock, addr):
    print('Accept new connection from %s:%s...' % addr)

    a='welconme!'.encode()
    sock.send(a)

    while True:
        data = sock.recv(1024)
        time.sleep(1)
        if data == 'exit' or not data:
            break
        sock.send('Hello, %s!'.encode() % data)
    sock.close()
```

```
        print('Connection from %s:%s closed.' % addr)


    while True:
        # 接收一个新连接:
        sock, addr = s.accept()
        # 创建新线程来处理 TCP 连接:
        t = threading.Thread(target=tcplink, args=(sock, addr))
        t.start()
```

2. 客户端

测试客户端程序的具体步骤：

(1) 创建 socket 对象。

(2) 连接对方 ip。

(3) 接收数据。

(4) 发送数据。

(5) 断开连接。

客户端的程序如代码 7.7 所示。

代码 7.7

```
import socket

s = socket.socket(socket.AF_INET, socket.SOCK_STREAM)
# 建立连接:
s.connect(('127.0.0.1', 9999))
# 接收欢迎消息:
print(s.recv(1024))
for data in ['Michael', 'Tracy', 'Sarah']:
    # 发送数据:
    s.send(data.encode())
    print(s.recv(1024))
s.send('exit'.encode())
s.close()
```

可将以上两段代码分别保存在不同的 Python 文件中，并打开两个命令行分别运行，可以看到服务器端和客户端的交互情况。

7.4.3 网络编程(UDP)

使用 UDP 协议时，不需要建立连接，只需要知道对方的 IP 地址和端口号，就可以直接发送数据包。

1. 服务器端

UDP 服务器端的程序如代码 7.8 所示。

代码 7.8

```
s = socket.socket(socket.AF_INET, socket.SOCK_DGRAM)
# 绑定端口:
s.bind(('127.0.0.1', 9999))

print('Bind UDP on 9999...')
while True:
# 接收数据:
data, addr = s.recvfrom(1024)
print('Received from %s:%s.' % addr)
s.sendto('Hello, %s!' % data, addr)

#addr 是一个元组数据:(ip, 端口号)
```

2. 客户端

UDP 客户端的程序如代码 7.9 所示。

代码 7.9

```
s = socket.socket(socket.AF_INET, socket.SOCK_DGRAM)
for data in ['Michael', 'Tracy', 'Sarah']:
    # 发送数据:
    s.sendto(data, ('127.0.0.1', 9999))
    # 接收数据:
    print(s.recv(1024))
s.close()
```

同 TCP 一样，可将以上两段代码分别保存在不同的 Python 文件中，并打开两个命令行分别运行，可以查看到服务器端和客户端的交互情况。

7.5 爬虫实例

最基本的爬虫就是通过 Python 网络编程的相关模块，将网页数据传输到 Python 数据结构中，再通过正则表达式匹配找出想要的数据，并存入对应的数据存储文件中。下面通过 3 个实例来抓取公共网站数据。

7.5.1 socket 抓取网页数据

通过上述 socket 嵌套字知识，建立连接并接收网页数据，并最终将网页数据写入文档。抓取新浪网数据方法如代码 7.10 所示。

代码 7.10

```
#导入 socket 库:
import socket
# 创建一个 socket:
```

```
s = socket.socket(socket.AF_INET, socket.SOCK_STREAM)
# 建立连接:
s.connect(('www.sina.com.cn', 80))

s.send(b'GET / HTTP/1.1\r\nHost: www.sina.com.cn\r\nConnection: close\r\n\r\n')

# 接收数据:
buffer = []
while True:
    # 每次最多接收 1k 字节:
    d = s.recv(1024).decode()
    if d:
        buffer.append(d)
    else:
        break
data = ''.join(buffer)

s.close()

header, html = data.split('\r\n\r\n', 1)
print(header)

html=html.encode()

# 把接收的数据写入文件:
with open('sina.html', 'wb') as f:
if.write(html)
if.close()
```

7.5.2 urllib 抓取网页数据

通过 urllib 模块来抓取百度首页数据，具体步骤如下：

(1) 确定网址字符串，ex：'http://www.baidu.com'。

(2) 向网站发出请求：把字符串传入 request 对象。

(3) 把请求返回的信息赋值到 response 对象。

(4) 写入 txt 文件。

抓取百度首页数据的方法如代码 7.11 所示。

代码 7.11

```
#Python3

import urllib.request

header= {
    'User - Agent': 'Mozilla/5.0 (Windows NT 6.1; WOW64) AppleWebKit/
537.36 (KHTML, like Gecko) Chrome/58.0.3029.96 Safari/537.36'
```

```
}
#一个请求的头部，其中User-Agent用于描述浏览器类型

request = urllib.request.Request('http://www.sina.com',headers=header)
#请求对象，请求某一网站的内容

response1 = urllib.request.urlopen('http://www.sina.com')
#某一网站的响应
response2 = urllib.request.urlopen(request)

html=response1.read()
#读取响应信息的字节流

f = open('./4.txt','wb')
f.write(html)
f.close()
#将字节流写入到文件中
```

需要注意的是，在 Python3.6.5 之后创建连接，即调用 urllib.request.urlopen()函数时，需要用到 SSL 协议，之前的 Python 版本的协议可能作废，需要在调用该函数时添加如下代码：

```
import ssl
ssl._create_default_https_context = ssl._create_unverified_context
```

7.5.3 抓取交管数据

在前述两个实例的基础上，构架抓取交管数据的简易爬虫，重点需要实现以下几个函数。

(1) load(url)函数。该函数可通过 urllib 传递网页抓取网页内容，如代码 7.12 所示。

代码 7.12

```
#Python3

import urllib.request
import ssl
ssl._create_default_https_context = ssl._create_unverified_context
def load(url):
        req=urllib.request.Request(url)
        #抓取信息的网址
        res=urllib.request.urlopen(req)
        html=res.read()
        returnhtml
```

(2) write(html,txt)函数。该函数可将 html 内容存入 txt 文件中，如代码

7.13 所示。

代码 7.13

```
#Python3

defwrite(html,t):
        f=open(t,'wb')
        f.write(html)
        f.close()
```

(3) spider(url,begin,end)函数。该函数可抓取交管信息，分析网页 url 结构，可发现 https://gz.122.gov.cn/m/jgdt/index_jhtml 为交管信息网页，而且不同页的交管信息的 url 后缀不同(见代码 7.14)。如第二页是 index_2.jhtml，第三页是 index_3.jthml。因此，可根据不同页的 url 的后缀差异特征抓取不同页面，如 url 后缀为 index_2.jhtml 时抓取第二页，即 index_n.jhtml 时抓取第 n 页。

代码 7.14

```
def spider(url,begin,end):

    for i in range(begin,end):

        the_url='https://gz.122.gov.cn/m/jgdt/index_'
        html = load(the_url)
        t = str(i)+'.jhtml'
        write(html,t)
        print('已保存网页第%d 页'%i)
```

(4) 正则表达式。正则表达式可抓取评论内容。

交管信息页面的网页源代码如图 7.10 所示。

```
<div class="row">
    <div class="span12">
        <div class="mem-block-title gcBlue">
            <h3> <i class="icon-list-alt"></i>
                交管资讯
            </h3>
        </div>


        <div class="news-content">
            <!-- 交管动态 -->
            <ul class="news-list">
                <li class="top">
                    <a href="/cmspage/jgdt/2019-03-01/20190301002230.html">
                        2019年贵州省公安厅交通管理局预算及三公经费公开说明
                                                                </a>
                    <p class="info">
                        <span>发布时间:2019-03-01</span>
                    </p>
                </li>
                <li class="top">
                    <a href="/cmspage/jgdt/2018-12-28/20181228002137.html">
                        低温雨雪迎新年，贵州交警发布2019元旦出行提示
                                                <i class="icon-picture"></i>
                        <i class="icon-file"></i>
                    </a>
                    <p class="info">
                        <span>发布时间:2018-12-28</span>
                    </p>
                </li>
                <li class="top">
```

图 7.10 交管信息页面源代码

其正则表达式需要匹配<a href="/cmspage/jgdt…">和</a>之间的内容，因此正则表达式为

<a href="/cmspage/jgdt/(.*?)/.*html">([\s\S]*?)<

在该正则表达式中，需要匹配两个圆括号的内容，(.*?)内匹配的是新闻日期，([\s\S]*?)匹配的是新闻题目，其中"."" * ""?"分别表示匹配任意字符、匹配前面字符任意次、匹配前面子表达式一次，它们组合在一起就是匹配一段任意字符，在使用过程中读者可分别实践，在大量实践积累中提高对正则表达式匹配字符的能力。

(5) 改写 load()，加入正则表达式匹配函数，如代码 7.15 所示。

代码 7.15

```
import urllib.request
import re

import ssl
ssl._create_default_https_context = ssl._create_unverified_context


def load(url):
    req = urllib.request.Request(url)
    #交管信息的网址
    res = urllib.request.urlopen(req)
    html = res.read() #二进制文件
    html2 = html.decode('utf-8') #解码,该方法返回解码后的字符串。
    pattern = re.compile('<a href="/cmspage/jgdt/(.*?)/.*html">([\s\S]*?)<')
    s = pattern.findall(html2)
    return s
```

(6) 命令行操作代码。通过将改进的抓取网页函数 load()、写入文件函数 write()，以及爬虫实现函数 spider()整合到一个 Python 文件夹中，就完成一个爬虫程序的 Python 文件，最后再添加下列代码，用于在命令行中执行 py 文件。

代码 7.16 用于判断该 py 文件是主文件还是库文件，若是主文件就执行该文件。

代码 7.16

```
#有中文输出、输入时需加下行的编码
# -*- coding: utf-8 -*-
if _name_ == '_main_':
    url = input('请输入网址:')
    begin = int(input('请输入起始页:'))
    end = int(input('请输入终止页:'))
    spider(url,begin,end)
```

最后将爬虫程序的代码进行整合(见代码 7.17)，整合后将该代码保存于 Python 文件 spider. py 中，在命令行上编译该文件或直接单击运行该文件。

代码 7.17

```
importurllib. request

import urllib. request
import re

import ssl
ssl. _create_default_https_context = ssl. _create_unverified_context
#更新后的 Python 版本需要导入 ssl 并屏蔽认证

def load(url):
    req = urllib. request. Request(url)
    #交管信息的网址
    res = urllib. request. urlopen(req)
    html = res. read()
    #二进制文件
    html2 = html. decode('utf - 8')
    #解码,该方法返回解码后的字符串。
    pattern = re. compile('<a href="/cmspage/jgdt/(. * ?)/. * html">([\s\S] * ?)<')
    s = pattern. findall(html2)
    return s

def write(html,t):
    f=open(t,'w+')
    for i in html:
        f. write(str(i)+"\n")
    f. close()

def spider(url,begin,end):
    for i in range(begin,end):
        the_url='https://gz. 122. gov. cn/m/jgdt/index_'+str(i)+'. jhtml'
        html = load(the_url)
        t = str(i)+'. txt' #将抓取文件保存至 txt 文本中
        write(html,t)
        print('已保存网页第%d 页'%i)

# -*- coding: utf - 8 -*-
if _name_== '_main_':
    url = input('请输入网址:')
    begin = int(input('请输入起始页:'))
```

```
end = int(input('请输入终止页：'))
spider(url,begin,end)
```

如果在 spider()函数中指定了网页路径，在命令行提示中就无需再次输入网址，只需输入抓取的页面页数即可。命令行运行结果如图 7.11 所示。

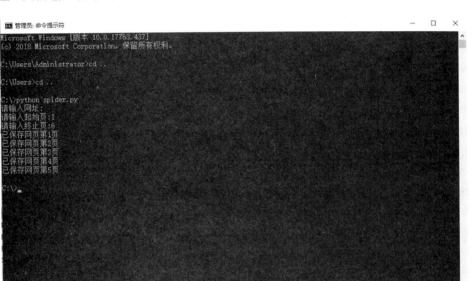

图 7.11 命令行操作爬虫程序 spider. py

抓取的网页数据将保存在程序文件 spider. py 相同的目录下，以 n. txt 文本的格式保存，其中 n 为具体网页页数，文本内容如图 7.12 所示。

```
1.txt - 记事本
文件(F) 编辑(E) 格式(O) 查看(V) 帮助(H)
('2019-04-26', '\r\n        大风吹倒大树横路中 交警清移保畅通\r\n        ')
('2019-04-26', '\r\n        男子无证驾驶欲蒙混过关 冒用堂哥身份被揭穿\r\n        ')
('2019-04-26', '\r\n        驾驶证转入业务，不得不知的事~\r\n        ')
('2019-04-23', '\r\n        驾驶证相关业务申请延期办理的规定\r\n        ')
('2019-04-23', '\r\n        黔西南高速交警快速护送一病重小孩就医\r\n        ')
('2019-04-23', '\r\n        【两公布一提示】贵州交警发布五一假期出行服务提示，请查收！\r\n        ')
('2019-04-22', '\r\n        实时定点定岗 确保中央扫黑除恶督导组 在筑工作期间辖区安全\r\n        ')
('2019-04-19', '\r\n        关于贯彻落实《市场监管总局 工业和信息化部 公安部关于加强电动自行车国家标准实施监督的意见》的实施意见\r\n
('2019-04-11', '\r\n        六盘水高速交警大队查获两起超员及非法营运的面包车\r\n        ')
('2019-04-11', '\r\n        习水交警组织开展扫黑除恶专项斗争应知应会知识考试\r\n        ')
```

图 7.12 爬取文本的部分内容(txt 格式)

至此整个爬虫程序已初步完成，限于篇幅有限，当前仅展示了新闻时间和标题的抓取。读者可以根据实际项目需要，通过改进爬虫正则表达式和其他代码，完善当前爬虫。例如可通过改写代码抓取本项目中的新闻内容，或抓取其他网站数据(如爬取网页中的数据表、图片等内容)。

本章小结

本章介绍了爬虫技术，包括正则表达式模块、网络编程相关模块。同时结合交管平台数据，介绍了抓取常见网页数据和交管平台咨询数据的方法。

课后作业

一、单项选择题

1. 以下哪一个模块是正则表达式模块。( )

A. Django B. NumPy C. re D. Scipy

2. 以下哪一个标准库可以完成网络编程。( )

A. re B. socket C. operator D. gc

3. 以下哪一个第三方库可以框架制作爬虫。( )

A. Scipy B. Scrapy C. Date D. Numpy

4. 以下关于网络编程说法错误的是( )。

A. 计算机网络可分为7层或5层

B. 计算机网络核心技术是TCP/IP

C. 只能通过socket模型实现网页数据抓取

D. 正则表达式模块是爬虫设计中常用的模块

5. 以下关于爬虫第三方模块说法错误的是( )。

A. urllib模块可以实现爬取网络数据

B. socket模块可以实现爬取网络数据

C. 实现爬虫程序必须使用Scrapy模块

D. 合理利用第三方库能够提高开发效率

参考答案: 1. C 2. B 3. B 4. C 5. B

二、简答题

1. 制作一个爬虫程序,实现抓取腾讯网首页的热点数据。

2. 了解Scrapy模块,尝试使用Scrapy模型制作爬虫。

第 8 章

数据预处理实战
——交通车辆管理大数据应用

◆ 学习目标

了解大数据处理技术
了解相关数学基础
掌握数据预处理技术
掌握数据分析技术
掌握数据清洗技术

◆ 本章重点

数据分析技术
数据清洗技术

本章围绕 Python 库，介绍 Python 自带的标准库和一些常见的第三方库，为应用 Python 开发，特别是用 Python 进行数据开发铺垫基础。

8.1 案例背景介绍

随着时代的发展，出行变得越来越便利的同时，也带来的越发严重的交通安全事故。同时伴随着我国经济高速发展，全国汽车保有量、交通道路、人口等都在不断的增加，道路交通安全事故数量也不断增加。

交通管理部门可通过海量交通管理数据，分析事故发生的原因，找到事故发生的内在规律，对交通管理部门进行道路交通的改进和提高民众的出行安全具有重大意义。

道路交通事故是指车辆在道路上因过错或者意外造成的人身伤亡或者财产损失的事件。在长期的交通事故司法鉴定中，我们认识到，道路交通事故虽然具有偶然性和突发性等特点，但并非无章可循，交通事故的发生及产生的后果，有其必然性。

交通事故的发生，是人(驾驶员)、车、路三方面因素共同作用的结果。因此在事故分析中，交通事故的发生原因显得尤为重要，是责任划分的重要依据。但由于交通事故的发生受到人(驾驶员)、车、路三方面因素的影响，因此事故形成原因的分析也比较复杂，采集的数据质量也有待提高，需要综合考虑各方面因素的影响，对数据进行全面的数据预处理，主要工作就是数据清洗，以使采集的交管数据质量满足分析交通事故的要求。

8.2 大数据应用理论基础

8.2.1 大数据处理技术

大数据(Big Data)是指无法在一定时间范围内用常规软件工具进行捕捉、管理和处理的数据集合，是需要新处理模式才能具有更强的决策、洞察和流程优化能力的海量和多样化的信息资产。

近年来，云计算和分布式服务器的飞速发展，以 Hadoop 分布式平台为首的分布式服务器可以让云计算和云存储的数据量达到更大规模的实现。如 2018 年网购平台，淘宝双十一活动中，10 分钟内超过 300 亿的成交数据。腾讯公司的移动聊天软件(如微信)，其中 2018 年微信每日在线的活跃用户高达 9 亿人。传统的统计学方法已很难处理如此大规模的数据，因此伴随海量规模的数据产生人工智能、数据挖掘等新兴大数据处理技术。

大数据处理技术可简要分为数据存储和数据处理。

1. 数据存储

数据存储是指以 Hadoop 实现的分布式文件系统(Hadoop Distributed File System)，简称 HDFS。HDFS 具有高容错性的特点，并且可部署在低廉的(low - cost)硬件上；而且通过提供高吞吐量(High Throughput)来访问应用程序的数据，适合那些有着超大数据集(Large Data Set)的应用程序。HDFS 放宽了 POSIX 的要求，可以以流的形式访问(Streaming Access)文件系统中的数据。

Hadoop 框架最核心的设计就是：HDFS 和 MapReduce。HDFS 为海量的数据提供了存储，MapReduce 为海量的数据提供了计算。同时 Hadoop 框架技术在不断扩展，每年都伴有各类新的框架出现。当前 Hadoop 平台主流的应用框架如下：

(1) HBase 是一个高可靠性、高性能、面向列、可伸缩的分布式存储系统。

(2) Pig 是由 Yahoo 公司开发的并行执行数据流处理的引擎。

(3) Hive 是由 Facebook 开发的一个数据仓库工具，可以将结构化的数据文件映射为一张数据库表，并提供完整的 sql 查询功能，可以将 sql 语句转换为 MapReduce 任务进行运行。

(4) Zookeeper 是 Google 的 Chubby 一个开源的实现。它是一个针对大型分布式系统的可靠协调系统，提供的功能包括：配置维护、名字服务、分布式同步、组服务等。

(5) Spark 是一种与 Hadoop 相似的开源集群计算环境，Spark 在某些工作负载方面表现得更加优越，启用了内存分布数据集，除了能够提供交互式查询外，它还可以优化迭代工作负载。

2. 数据处理

数据处理的过程可分为数据采集、数据预处理、数据分析、数据挖掘与建模、模型评价等。其中数据预处理的基础方法来自以数学分析为主的统计学，数据处理主要指运用计算机进行数据挖掘。因此数据处理的过程可分为数据预处理和数据挖掘。

1) 数据预处理

在大数据开发中，海量的原始数据中存在大量不完整、重复、不一致和异常的数据，严重影响到对大数据处理分析的效率，甚至有可能对处理结果产生偏差，所以进行数据预处理是任何大数据程序中必需的环节。在常见的数据开发中，数据预处理工作约占整个数据处理过程的60%。

数据预处理主要部分为数据清洗，即对有问题的数据，包括缺失数据、异常数据和不一致数据进行处理以提高数据质量。由于采集的数据受环境、设备等众多因素影响，数据清洗是数据预处理中的主要工作。

2) 数据挖掘

数据挖掘包括运用分类算法和聚类算法完成数据的划分，同时根据划分结果预测或估计数据的类型和性质。

其中分类算法主要用于预测。分类算法主要包括回归分析、决策树、人工神经网络、贝叶斯网络、支持向量机等。具体算法分类如表8.1所示。

表8.1 数据挖掘分类算法

算法名称	算法用途
回归分析	回归分析是确定数值型数据的属性和其他变量之间相互依赖的定量关系最常用的统计学方法。具体包括线性回归、非线性回归、Logistic 回归、岭回归、主成分回归、偏最小二乘回归等模型
决策树	决策树采用自上而下的递归方式，在树型数据结构的节点进行属性值比较，并根据不同属性值从该节点向下分支，最终得到的叶节点是学习划分的类
贝叶斯网络	贝叶斯网络又称信度网络，是概率论中 Bayes 方法的扩展，是目前不确定知识表达和推理领域最有效的理论模型之一
支持向量机	支持向量机是一种通过某种非线性映射，把低维的非线性转换为高维的线性可划分图形，在高维空间进行线性分析的模型
人工神经网络	一种模仿大脑神经元网络结构和功能而建立的模型，代表模型有卷积神经网络(CNN)，可用于图形分类

聚类算法主要包括划分算法、层次算法、密度算法、网格算法和统计算法，如表8.2所示。

表8.2 数据挖掘聚类算法

类别	主要算法
划分算法	K-Means算法，CLARANS算法
层次算法	BIRCH算法、CURE算法
密度算法	DBSCAN算法、DENCLUE算法、OPTICS算法
网格算法	STING算法、CLIOUE算法
统计算法	基于统计学方法

8.2.2 数学基础

数学方法是大数据分析的基础，掌握一些数学基础有助于理解数据开发中的常见公式和内置逻辑。数学基础大体可分为以下三个学科。

1. 微积分

微积分是高等数学中研究函数的微分和积分以及有关概念和应用的数学分支。它是数学的一个基础学科，内容包括极限、微分学、积分学及其应用。微分学包括求导数的运算，是一套关于变化率的理论。它使得函数、速度、加速度和曲线的斜率等均可用一套通用的符号进行讨论。积分学包括求积分的运算，为定义和计算面积、体积等提供一套通用的方法。

2. 线性代数

线性代数是数学的一个分支，它的研究对象是向量、向量空间(或称线性空间)、线性变换和有限维的线性方程组。向量空间是现代数学的一个重要课题；因而，线性代数被广泛地应用于抽象代数和泛函分析中；通过解析几何，线性代数得以被具体表示。线性代数的理论已被泛化为算子理论。由于科学研究中的非线性模型通常可以被近似为线性模型，使得线性代数被广泛地应用于自然科学和社会科学中。

3. 概率论与数理统计

概率论是研究随机现象数量规律的数学分支。随机现象是相对于决定性现象而言的。在一定条件下必然发生某一结果的现象称为决定性现象。随机现象则是指在基本条件不变的情况下，每一次试验或观察前，不能肯定会出现哪种结果，呈现出偶然性。例如，掷一硬币，可能出现正面或反面。随机现象的实现和对它的观察称为随机试验。随机试验的每一可能结果称为一个基本事件，一个或一组基本事件统称随机事件，或简称事件。典型的随机试验有掷骰子、扔硬币、抽扑克牌以及轮盘游戏等。

数理统计也是数学的一个分支，分为描述统计和推断统计。它以概率论为基础，研究大量随机现象的统计规律性。描述统计的任务是搜集资料，进行整理、分组，编制次数分配表，绘制次数分配曲线，计算各种特征指标，以描述资料分布的集中趋势、离中趋势和次数分布的偏斜度等。推断统计是在描述统计的基础上，根据样本资料归纳出的规律性，对总体进行推断和预测。在大数据开发中，数理统计的相关知识是最常用的。

8.3 数据预处理

数据预处理主要包括数据清洗，以及数据清洗完成后对数据进行集成、转换、规约等一系列过程。数据预处理一方面提高了数据的质量，另一方面使数据更好地适应特定的数据处理技术和工具。

数据预处理主要包括数据清洗、数据集成、数据变换和数据规约。

8.3.1 数据清洗

数据清洗是指处理原始数据集中的问题数据。问题数据主要包括缺失数据和异常数据。对于不同类型的问题数据，其产生原因、影响及处理方式也是多样的。

1. 缺失数据

缺失数据是指在数据记录表中的信息值缺失，也称缺失值，可分为两类，即属性值缺失或部分缺失以及对象值缺失或部分缺失。属性也称字段，同一属性值为数据表中的一列数据值。对象也叫元祖，一个对象数据相当于数据表中的一行数据。

1）产生原因

缺失值产生的原因主要有以下几个：

（1）部分属性值暂时无法获取。

（2）记录属性值时产生遗漏或忽略。

（3）部分属性值不存在。

2）影响

缺失值可能会丢失有用信息，分析数据时若不能有效清洗，可能对数据分析的过程和结果造成误差，从而在后续数据处理结果中造成准确性降低，严重的可能造成后续数据处理错误，或无法得出结果。

3）处理方法

处理缺失值数据，可以采用删除记录、数据填补和不处理的方法完成，其中常用的数据填补方法如表 8.3 所示。

表 8.3 缺失值处理方法

填补方法	方法描述
固定值填补	将缺失的值用一个常量替换，如使用数据集中的均值、中位数、众数来填补
最临近值填补	在记录中找到缺失值样本附近的值来填补
自定义算法填补	利用已知数据进行关系分析，建立合适的插值函数 f(x)，填补值由对应参数 x 求出的函数值代替

2. 异常数据

异常数据是指记录数据值与其同类值有较大差异，即存在不合理的数据。如记录大学班级学生的生日，“生日”的属性值为一个不合理的日期，或者干脆是一个其他非数字的信息。

异常数据在统计中是指统计样本的偏离值，其数值明显偏离其余观测值，因此异常数据也称离群点或孤立点。异常数据的产生原因和影响大体与缺失值类似，其可能是不正确数据，该数据不清楚是否会对后续处理结果产生不良影响，也可能是正确数据，应该重视这类异常数据，以帮助后面的数据处理发现问题时改变决策。

因此如何处理异常数据，应视具体情况而定。同时异常数据的分析可借助统计学的知识，用统计和分布的方式处理异常值。

3. 不一致数据

由于当前数据大多存储于关系型数据库中(RDBMS)，且存储于服务器中，存在联网多人操作的情况，因此关系型数据库的数据一致性被破坏时，会产生不一致数据。这类问题数据可分为以下三种情况。

1) 数据冗余

数据冗余的出现往往是由于重复存放的数据未能进行一致性地更新造成的。例如个人的学历信息，如果户口管理部门的学历数据已经改动了，而档案管理部门的学历数据未改变，就会产生矛盾的学历数据。或者整合数据时两个部门都提交了一份相同的数据，导致合并时存在两个相同的个人数据。

2) 并发控制

并发控制是由于多用户共享数据库，而更新操作未能保持同步进行而引起的。例如，在飞机票订购系统中，如果不同的两个购票点同时查询某张机票的订购情况，而且分别为顾客订购了这张机票，就会造成一张机票分别卖给两名顾客的情况。这是因为系统没有进行并发控制，所以造成了数据的不一致性。

3) 设备故障

由于各种原因，如硬件故障或软件故障，会造成数据丢失或数据损坏，因而需要进行数据库维护，如转存、查看操作日志等，在数据库恢复到某个正确的、完整的、一致的状态下时，设备故障才能解决。

8.3.2　数据集成

在海量数据的处理与挖掘时，数据往往分布在不同的数据源中，因此需要将多个数据源的数据合并到一个统一的、一致的数据存储系统中，这个过程就叫数据集成。

在数据集成时，来自不同数据源的数据在现实世界的表达形式是不一致的，如部分数据来自不同的数据库系统、部分数据来自 Excel 表、部分数据来自手工记录，在数据集成时，重点要考虑实体识别和属性冗余问题，然后再进行转换、提炼。

1. 实体识别

实体识别是指在不同数据源集成到统一数据源时，需要识别现实世界的实体，从而统一不同数据源的数据，提高数据质量。常见实体识别的数据问题如下：

(1) 同名异义。如数据实体有相同的名字，但又是完全不一样的实体。常见的同名异义如地址名，不同地方可能有相同的地名，如"新城""北京路"这类常见地名，可能指代不同的地址。

(2) 异名同义。如数据实体中人的性别，有的数据源命名为"男"和"女"，有的数据源命名为"先生"和"女士"，有的用英文"male"和"female"，有的数据源甚至用性别符号存储，这类异名同义的数据需要统一。

(3) 单位不统一。以计量单位衡量大小的数据，可能存在不同的计量单位。如时间，以不同时区计量的当日时间，可能因为时差指代的具体时间不同，同样是下午三点，北美地区的下午三点和中国大陆地区的下午三点不是同一时间，需要统一。其次例如温度、金额和长度等数据，因国家和地区习惯及文化差异，有不同的计量单位，在数据集成时需要注意。

2. 属性冗余

数据集成往往导致数据冗余，常见有以下两种情况：

(1) 同一数据多次出现。例如在一个班级信息表中，张三的信息出现过两次，但是只有一个张三，这时需要删除重复数据，即消除冗余。

(2) 同一名称命名不同属性。例如在职工信息表中，同一属性名"联系方式"出现过两次，但是数据需要的是同一职工的不同的联系方式，需要更改为不同的属性名。

8.3.3　数据变换和数据规约

数据变换和规约是对数据进行规范化处理，将数据转换为方便程序处理的形式。

大多数编程语言都更适合处理数字和英文字符，通过将数据的表现形式变换为数字和英文字符，能更方便后续的数据处理任务和具体算法实现。若存在部分数据属性不能直观反映其特征，可通过变换构造新的属性，更高效地进行数据处理。

1. 数据变换

数据规范化是数据挖掘处理中一项基础工作。对数据的不同命名和不同评价指标往往会造成数据不易处理，通过数据变换，能提高数据分析的效率和数据处理的可能性。

1）数据值类型规范化

对数据的不同命名会给程序编译造成影响。例如性别，有不同的区分方式，可以用中文字符“男”和“女”赋值，也可用英文字符串“male”和“famale”赋值，同时也可用数字“0”和“1”赋值，但多数情况下不适合用字符赋值，需要将数据转换为数字来代表性别，即用数字“0”和“1”赋值。这类二选一的数据也适合用布尔类型的数据赋值，如“true”代表男性，“false”代表女性，这样使得程序更适合处理该类数据。

2）数据值范围规范化

对数据的不同评价指标会造成数据的不同量纲，导致数值间的差异过大，造成数据不易处理。为了消除指标之间的量纲差异，可以进行标准化处理，将数据按照比例进行缩放，使得数据值落入特定的取值范围，以便后续的分析处理。

例如成绩，可以采用百分制衡量，也可采用其他分制（如满分150分）或等级制衡量（如优、良、中、差），进行规范化处理可根据数据处理的需求，将成绩的取值范围统一到百分制，即[0，100]，或统一到[0，1]之间。

常用的规范化有最小-最大规范化、零-均值规范化或小数定标规范化，它们都有固定的转换公式，感兴趣的读者可以通过相关书籍或网络查阅。

3）连续数据属性值离散化

一些数据处理的方法对数据格式有严格的要求，如数据挖掘中的分类算法ID3和Apriori，要求数据值必须是分类的形式，这样就需要将连续属性值变换为分类属性的形式，即连续型数据转换为离散型数据。常用的方法有等宽法、等频法和聚类算法，其本质都是将连续数据中相近的数据近似归为一类或一个点，从而使得数据离散化。

2. 属性构造

在数据预处理中，为了提取更有价值的信息，通过提炼数据使得数据具有更高的质量和精度。可以利用已有的数据属性，结合数据具体的业务背景，构造新的属性，并利用新的属性进行数据处理。

例如汽车运行数据信息中，知道不同时间状态下的速度，可以构造新的数据属性“加速度”，代表单位时间内汽车速度改变程度的度量，构造的新属性能更好地反映汽车的加速能力。

3. 数据规约

在大数据集上进行复杂的数据分析和挖掘往往需要极大的计算量、存储和计算时间，数据规约是指将较大规模的数据集转换为较小的数据集，并保持原数据集的完整性。通过数据规约，仅保留少量具有代表性的数据属性，可极大地提高数据处理效率，降低数据处理的成本。

常见的数据规约方法有合并属性、选择属性和删除属性，其本质都是减少属性，降低数据维度。如个人消费记录中有不同时间段内的消费数据，若要估计人群的消费能力，可将类似的属性合并，或删除部分类似的属性。即删除部分类似时间段内的消费数据，或选择重要的时间段消费数据，从而减少消费数据的体量。

此外，通过决策树算法和主成分分析(PCA)，也可完成一些复杂情况下的数据规约，感兴趣的同学可以查阅相关资料。

8.4　数据预处理项目实战

数据预处理的主要流程可分为三步，即数据分析、数据清洗和数据后续处理。通过分析交管数据表，找出其中重要的两个数据表进行分析，其中一个是交通事故信息表，在后文中因为多次用到，将其简称为表1，部分数据截图如图8.1所示。

	A	B	C	D	E	F	G	H	I	J	K
1	事故编号	driver1infoid	driver2infoid	accidenttime	accident	userid	status	driver1fault	driver2fault	driver1respor	driver2responsibility
2	961	1883	1884	2015/2/12 12:00	鹿冲关路	446	1	1、追尾的		负全部责任	不负责任
3	969	1899	1900	2015/2/14 14:35	大昌隆	1402	1	1、追尾的		负全部责任	不负责任
4	970	1901	1902	2015/2/14 18:00	白云公园	1401	1	8、依法应负全		负全部责任	不负责任
5	971	1903	1904	2015/2/14 16:00	蟠桃宫	1402	1	7、未按规定让		负全部责任	不负责任
6	972	1905	1906	2015/2/15 15:40	观山湖体	1401	1	5、开关车门的		负全部责任	不负责任
7	975	1911	1912	2015/2/14 8:30	小河	1402	1	7、未按规定让		负全部责任	不负责任
8	976	1913	1914	2015/2/15 15:30	北京西路	1401	1	7、未按规定让		负全部责任	不负责任
9	977	1915	1916	2015/2/14 15:34	杨家山隧	1402	1	1、追尾的		负全部责任	不负责任
10	978	1917	1918	2015/2/15 14:30	白云公园	1401	1	7、未按规定让		负全部责任	不负责任
11	979	1919	1920	2015/2/14 16:05	南明区保	1402	1	3、倒车的		负全部责任	不负责任
12	980	1921	1922	2015/2/4 14:02	71路	1401	1	2、逆行的		负全部责任	不负责任
13	981	1923	1924	2015/2/13 17:50	机场路	1402	1	7、未按规定让		负全部责任	不负责任
14	985	1931	1932	2015/2/14 14:00	沙冲路	1402	1	1、追尾的		负全部责任	不负责任
15	986	1933	1934	2015/2/15 15:40	改茶路	1401	1	7、未按规定让		负全部责任	不负责任
16	987	1935	1936	2015/2/13 17:30	花香村	1401	1	1、追尾的		负全部责任	不负责任
17	988	1937	1938	2015/2/14 15:30	石板水果	1402	1	7、未按规定让		负全部责任	不负责任
18	992	1945	1946	2015/2/14 15:00	沙冲路	1402	1	7、未按规定让		负全部责任	不负责任
19	993	1947	1948	2015/2/15 14:30	新创路	1401	1	1、追尾的		负全部责任	不负责任
20	994	1949	1950	2015/2/14 19:00	贵阳市蔬	1402	1	9、不符合前8款	9、不符合前8款	负全部责任	不负责任
21	998	1957	1958	2015/2/14 13:00	大兴星城2	1402	1	7、未按规定让		负全部责任	不负责任
22	999	1959	1960	2015/2/15 14:40	兰州路	1401	1	9、不符合前8款	9、不符合前8款	负同等责任	负同等责任
23	1000	1961	1962	2015/2/14 14:20	解放路	1402	1	7、未按规定让		负全部责任	不负责任
24	1005	1971	1972	2015/2/14 14:24	甘平路	1402	1	4、停车时未挂		负全部责任	不负责任
25	1006	1973	1974	2015/1/15 14:20	沙冲路	1401	1	8、依法应负全		负全部责任	不负责任
26	1007	1975	1976	2015/2/15 13:11	普园路	1401	1	8、依法应负全		负全部责任	不负责任
27	1010	1981	1982	2015/2/15 13:40	滴沙路	1401	1	1、追尾的		负全部责任	不负责任
28	1011	1983	1984	2015/2/14 14:00	贵钢路	1402	1	3、倒车的		负全部责任	不负责任
29	1012	1985	1986	2015/2/14 12:55	师大	1402	1	1、追尾的		负全部责任	不负责任
30	1013	1987	1988	2015/2/15 14:08	北京西路	1401	1	1、追尾的		负全部责任	不负责任
31	1015	1991	1992	2015/2/14 12:55	师大	1402	1	1、追尾的		负全部责任	不负责任
32	1044	2049	2050	2015/2/14 10:50	贵惠高速	1402	1	7、未按规定让		负全部责任	不负责任
33	1047	2055	2056	2015/2/14 11:00	嘉润路	1402	1	1、追尾的		负全部责任	不负责任
34	1050	2061	2062	2015/2/14 9:22	西二环	1402	1	7、未按规定让		负全部责任	不负责任
35	1051	2063	2064	2015/2/13 16:50	沙冲路	1402	1	1、追尾的		负全部责任	不负责任
36	1056	2073	2074	2015/2/14 8:49	花溪区田	1402	1	7、未按规定让		负全部责任	不负责任

图8.1　交通事故信息表(表1)

图中，字段包括事故编号、驾驶员1的id(driver1infoid)、驾驶员2的id(driver2infoid)、事故发生时间(accidenttime)、事故发生地点(accidentaddress)、用户id(userid)、状态(status)、事故故障1(driver1fault)、事故故障2(driver2fault)、驾驶员1责任(driver1responsibility)、驾驶员2责任(driver2responsibility)等。

另一个是事故当事人信息表，在后文中同样多次用到，将其简称为表2，其中字段包括驾驶员id、性别、事故车辆车牌号码、车辆类型、车辆颜色、事故发生时间、当事人出生日期和毕业驾校名称，部分数据截图如图8.2所示。

	A	B	C	D	E	F	G	H	I	J
1	driverinfoID	sex	pl5tenumb	carmodels	carcolor	createtime	birth	jxmc		
2	96	1	CG6663	小型汽车	黄色	2015/2/2 16:53	xxxxxx196306	自培		
3	96	1	CG6663	小型汽车	黄色	2015/2/2 16:53	xxxxxx196306	自培		
4	100	1	5BU643	小型	灰	2015/2/2 16:54	xxxxxx197908	自培		
5	100	1	5BU643	小型	灰	2015/2/2 16:54	xxxxxx197908	黔丰驾校（花溪区）		
6	100	1	5BU643	小型	灰	2015/2/2 16:54	xxxxxx197908	（花溪区）顺风驾驶培训有限公		
7	100	1	5BU643	小型	灰	2015/2/2 16:54	xxxxxx197908	顺风驾校（花溪区）		
8	100	1	5BU643	小型	灰	2015/2/2 16:54	xxxxxx197908	黔丰驾校（花溪区）		
9	100	1	5BU643	小型	灰	2015/2/2 16:54	xxxxxx197908	自培		
10	100	1	5BU643	小型	灰	2015/2/2 16:54	xxxxxx197908	自培		
11	100	1	5BU643	小型	灰	2015/2/2 16:54	xxxxxx197908	自培		
12	103	1	533566	小型桥车	白色	2015/2/2 16:57	xxxxxx195804	贵州省长安驾驶培训学校		
13	103	1	533566	小型桥车	白色	2015/2/2 16:57	xxxxxx195804	蓝天驾校（观山湖区）		
14	185	1	55464L	小型车	白色	2015/2/3 16:24	xxxxxx196411	自培		
15	185	1	55464L	小型车	白色	2015/2/3 16:24	xxxxxx196411	自培		
16	185	1	55464L	小型车	白色	2015/2/3 16:24	xxxxxx196411	自培		
17	185	1	55464L	小型车	白色	2015/2/3 16:24	xxxxxx196411	自培		
18	187	1	55464L	小型车	白色	2015/2/3 16:25	xxxxxx196411	自培		
19	187	1	55464L	小型车	白色	2015/2/3 16:25	xxxxxx196411	自培		
20	187	1	55464L	小型车	白色	2015/2/3 16:25	xxxxxx196411	自培		
21	187	1	55464L	小型车	白色	2015/2/3 16:25	xxxxxx196411	自培		
22	194	1	J5Z666	微型车	白色	2015/2/3 16:31	xxxxxx199410	省交校		
23	194	1	J5Z666	微型车	白色	2015/2/3 16:31	xxxxxx199410	诚信驾校（观山湖区）		
24	196	1	5FW346	小型车	白色	2015/2/3 16:33	xxxxxx197411	吉源驾校（南明区）		
25	235	1	L33363	货车	白色	2015/2/4 10:46	xxxxxx197511	天河驾校（花溪区）		
26	235	1	L33363	货车	白色	2015/2/4 10:46	xxxxxx197511	诚信驾驶培训学校		
27	235	1	L33363	货车	白色	2015/2/4 10:46	xxxxxx197511	长安驾校（南明区）		
28	235	1	L33363	货车	白色	2015/2/4 10:46	xxxxxx197511	吉源驾校（南明区）		
29	235	1	L33363	货车	白色	2015/2/4 10:46	xxxxxx197511	诚信驾校（观山湖区）		
30	235	1	L33363	货车	白色	2015/2/4 10:46	xxxxxx197511	天河驾校（花溪区）		
31	235	1	L33363	货车	白色	2015/2/4 10:46	xxxxxx197511	天河驾校（花溪区）		
32	235	1	L33363	货车	白色	2015/2/4 10:46	xxxxxx197511	诚信驾驶培训学校		
33	235	1	L33363	货车	白色	2015/2/4 10:46	xxxxxx197511	长安驾校（南明区）		
34	235	1	L33363	货车	白色	2015/2/4 10:46	xxxxxx197511	吉源驾校（南明区）		
35	289	1	GR3633	小型车	黑色	2015/2/5 14:51	xxxxxx198110	天行健驾校		
36	289	1	GR3633	小型车	黑色	2015/2/5 14:51	xxxxxx198110	吉源驾校（南明区）		

图 8.2 事故当事人信息表(表 1)

8.4.1 数据分析

在数据清洗前，需要对数据进行宏观分析，估计其存在问题、异常和总体质量。数据分析可大致分为以下两个方面。

1. 数据质量分析

对采集到的样本数据集进行观测、调查后，首先要考虑数据的数量和质量是否满足后续分析和挖掘的要求。

经过分析，表 1 发现有如下质量问题：

(1) 事故故障 1(driver1fault 属性)数据有缺失值。

(2) 驾驶员 2 责任(driver2responsibility 属性)数据有缺失值。

(3) 状态(statue 属性)数据和事故故障 2(driver2fault 属性)数据有异常值。

如图 8.3 所示，表 1 第 54 行数据，其中“driver1fault”属性值为空，其存在属性值缺失。

同时分析表 2 发现有如下质量问题：

(1) 车牌号码(pl5tenumber 属性)数据没有统一对齐。

(2) 车辆颜色(carcolor 属性)数据存在数据缺失。

(3) 当事人出生日期(birth 属性)数据存在特殊符号。

例如表 2 第 4 行数据，其中“carcolor”属性值为“灰”，存在缺失，应为‘灰色’；第 12 行数据，“pl5tenumber”值大部分为左对齐，此处为右对齐；第 2 行“birth”属性值为“xxxxxx196306”，前面出现多余字符“xxxxxx”。

36	1056	2073	2074	2015/2/14 8:49	花溪区田	1402	1	7、未按规定让行		负全部责任	不负责任
37	1059	2079	2080	2015/2/13 21:10	南明区青	1402	1	3、倒车的		负全部责任	不负责任
38	1060	2081	2082	2015/2/13 18:46	火车站	1402	1	7、未按规定让行		负全部责任	不负责任
39	1062	2085	2086	2015/2/13 19:30	鸿通城	1402	1	7、未按规定让行		负全部责任	不负责任
40	1063	2087	2088	2015/2/13 18:00	龙洞堡大道	1402	1	7、未按规定让行		负全部责任	不负责任
41	1067	2095	2096	2015/2/13 15:40	兴隆花园	1402	1	3、倒车的		负全部责任	不负责任
42	1070	2101	2102	2015/2/14 8:35	浣纱桥	1402	1	7、未按规定让行		负全部责任	不负责任
43	1074	2109	2110	2015/2/15 10:00	甲秀南路	1402	1	1、追尾的		负全部责任	不负责任
44	1075	2111	2112	2015/2/14 22:30	石板路	1402	1	1、追尾的		负全部责任	不负责任
45	1084	2129	2130	2015/2/14 15:50	贵惠大道中	1402	1	1、追尾的		负全部责任	不负责任
46	1187	2335	2336	2015/2/17 13:20	小河平桥	1402	1	1、追尾的		负全部责任	不负责任
47	1200	2361	2362	2015/2/15 9:05	优秀路	1401	1	8、依法应负全责		负全部责任	不负责任
48	1201	2363	2364	2015/2/13 9:20	云峰大道	1401	1	1、追尾的		负全部责任	不负责任
49	1203	2367	2368	2015/2/15 11:30	大营坡	1401	1	7、未按规定让行		负全部责任	不负责任
50	1204	2369	2370	2015/2/15 10:20	师大停车场	1401	1	3、倒车的		负全部责任	不负责任
51	1208	2377	2378	2015/2/15 11:10	东二环	1401	1	3、倒车的		负全部责任	不负责任
52	1209	2379	2380	2015/2/14 17:00	花香村	1401	1	7、未按规定让行		负全部责任	不负责任
53	1265	2491	2492	2015/2/15 8:30	观山湖区	1401	1	1、追尾的		负全部责任	不负责任
54	1266	2493	2494	2015/2/14 11:00	喷水池	1401	1			负全部责任	不负责任
55	1267	2495	2496	2015/2/14 14:08	邮电大楼	1401	1	7、未按规定让行		负全部责任	不负责任
56	1273	2507	2508	2015/2/17 14:20	白云区	1108	1	5、开关车门的		负全部责任	不负责任
57	1310	2581	2582	2015/2/16 16:00	沙坡路	1108	1	7、未按规定让行		负全部责任	不负责任
58	1311	2583	2584	2015/2/16 16:28	贵开路	1108	1	1、追尾的		负全部责任	不负责任

图 8.3 交通事故信息表 1(续)

2. 数据特征分析

对数据进行特征分析，可以运用“概率与数理统计”的相关知识，对现有数据集的数学特征值(如均值、方差、分布等)在宏观上进行估计，在此基础上判断数据集是否呈现某种规律和趋势，各数据之间是否存在一定的关联性。通过检验数据集的质量、绘制图表、对比某些特征值得出一些估计结论。对以上两表数据的部分分析如下：

(1) 数据表 1。可以从每行数据(一行数据也称为一个对象或元组)中发现“driver2responsibility”属性值为“负同等责任”时，该行对象的“driver1fault”和“driver2fault”属性值为“9、不符合前 8 款规定或者双方同时具有上述情形的”或“7、未按规定让行的”。因此可以推断：

当驾驶员事故涉及第 7 条、第 9 条交规时，双方负同等责任。

(2) 数据表 2。分析每个属性值数据，发现车辆颜色“carcolor”属性值大多为“白色”和“黑色”，可以通过统计颜色推断出事故车辆最多的颜色；其次分析驾校名称“jxmc”属性，发现数据值“黔丰驾校”和“吉源驾校”出现次数较多，可以推断事故出现次数较多的驾校其质量有待提高，同理也可推断事故出现次数较少的驾校，其教学质量较高。

同时，除以上两张数据表外，项目还配套有每日的天气数据、事故车辆信息数据，还可以通过不同表之间的属性关系，找到不同表中不同属性之间的关联规则，如天气因素对交通事故发生概率的影响，车辆质量状况对事故发生的概率影响等。

8.4.2 数据清洗

通过上一节对两张数据表的质量分析，现在依次对两张数据表进行数据清洗。

1. 表 1 数据清洗

如图 8.4 所示，表 1 中存在大量如 54 行的缺失值。经分析该类数据对象的缺失值属性为事故发生时驾驶员 1 造成事故的原因(driver1fault)，同时驾驶员 2 的事故原因(driver2fault)也为缺失值，因此该行数据对象无法得出事故的发生原因。对这类缺失值采用删除数据的方式处理(见代码 8.1)。

53	1265	2491	2492	2015/2/15 8:30	观山湖区	1401	1	1、追尾的		负全部责任	不负责任
54	1266	2493	2494	2015/2/14 11:00	喷水池	1401	1			负全部责任	不负责任
55	1267	2495	2496	2015/2/14 14:08	邮电大楼	1401	1	7、未按规定		负全部责任	不负责任

图 8.4 表中缺失值

代码 8.1

```
>>>import pandas as pd
>>>data = pd.read_csv('c:/Users//Desktop/1.accident.csv',encoding='gbk')
#导入数据至 pandas 的 dataframe 对象 data 中

data['driver1fault'][50:60]
#查看属性'driver1fault'中的 50～60 行，发现其中一项缺失值

data_copy = data.copy()
//备份数据对象，防止操作失误

data=data[~data['driver1fault'].isin([' '])]
//处理缺失值

data['driver1fault'][50:60]
//验证结果

data.to_csv(c:/Users//Desktop/1.accident_2.csv',encoding='gbk')
//存储对象至新的 csv 文件
```

代码 8.1 用到了 Pandas 模块，Pandas 模块的两个数据结构 Sereis 和 Dataframe 操作是最常见的，其中 Sereis 是一维数据结构，通过索引 index 存储一列一组数据，而 Dataframe 是二维数据，通过行(rows)和列(columns)存储数据。因此 Dataframe 可以存储二维数据表，Sereis 可对单行和单列数据进行操作。

常见的操作包括数据的索引和切片，代码 8.1 中，isin()函数类似 SQL 语句中的关键字 in，其参数是一个列表，由于表 1 中缺失值字段填充的值是一个空格字符“ ”，所以参数传入的是带有空格字符的列表[' ']。isin()就是找出参数中的字段，之后通过去反符号“～”清除该字段。最后由于表中存在中文字符，为不出现乱码，写入、写出的函数中，参数需要加入“gbk”以支持中文编码。

删除缺失值所在列的代码结果如图 8.5 和图 8.6 所示。

```
>>> data['driver1fault'][50:60]
50    7、未按规定让行的
51        1、追尾的
52
53    7、未按规定让行的
54       5、开关车门的
55    7、未按规定让行的
56        1、追尾的
57    7、未按规定让行的
58    7、未按规定让行的
59        3、倒车的
Name: driver1fault, dtype: object
```

图 8.5 缺失值删除前

```
>>> data=data[~data['driver1fault'].isin([' '])]
>>> data['driver1fault'][50:60]
50    7、未按规定让行的
51         1、追尾的
53    7、未按规定让行的
54       5、开关车门的
55    7、未按规定让行的
56         1、追尾的
57    7、未按规定让行的
58    7、未按规定让行的
59         3、倒车的
60    7、未按规定让行的
Name: driver1fault, dtype: object
```

图 8.6 缺失值删除后

2. 表 2 数据清洗

1）不处理数据

如图 8.7 所示，表 2 中的属性 pl5tenumber 存在对齐问题，部分数据值右对齐，部分数据值左对齐，这类异常数据并不影响数据值的分析和操作，因此结合实际情况不做处理。

2）异常数据处理

表 2 中的属性 birth 存在异常，如图 8.7 所示，其代表驾驶员生日，但多了部分无用字符“xxxxxx”，因此应做部分删除处埋，删除值中无用字符。

1	driverinfoID	sex	pl5tenumt	carmodels	carcolor	createtime	birth	jxmc
2	96	1	CG6663	小型汽车	黄色	2015/2/2 16:53	xxxxxx196306	自培
3	96	1	CG6663	小型汽车	黄色	2015/2/2 16:53	xxxxxx196306	自培
4	100	1	5BU643	小型	灰	2015/2/2 16:54	xxxxxx197908	自培
5	100	1	5BU643	小型	灰	2015/2/2 16:54	xxxxxx197908	黔丰驾校（花溪区）
6	100	1	5BU643	小型	灰	2015/2/2 16:54	xxxxxx197908	（花溪区）顺风驾驶培训有限公司
7	100	1	5BU643	小型	灰	2015/2/2 16:54	xxxxxx197908	顺风驾校（花溪区）
8	100	1	5BU643	小型	灰	2015/2/2 16:54	xxxxxx197908	黔丰驾校（花溪区）
9	100	1	5BU643	小型	灰	2015/2/2 16:54	xxxxxx197908	自培
10	100	1	5BU643	小型	灰	2015/2/2 16:54	xxxxxx197908	自培
11	100	1	5BU643	小型	灰	2015/2/2 16:54	xxxxxx197908	自培
12	103	1	533566	小型桥车	白色	2015/2/2 16:57	xxxxxx195804	贵州省长安驾驶培训学校
13	103	1	533566	小型桥车	白色	2015/2/2 16:57	xxxxxx195804	蓝天驾校（观山湖区）

图 8.7 表 2 异常数据截图

操作代码 8.2，其中用到了 DataFrame 对象的 astype()方法和 apply()方法，astype()方法可以改变数据值类型，将 birth 属性的值类型改为字符串类型(str)，字符形式方便做截断处理。其次 apply()会将待处理的 DataFrame 对象拆分成多个片段，然后对各片段调用传入的 lambda 函数，最后将各片段组合到一起。lambda 函数中使用了常用的分隔函数 split()对字符进行分割，其参数为字符“x”，代表以该字符进行分割，从而分割无用字符。

代码 8.2

```
>>>import pandas as pd
>>>data = pd.read_csv('c:/Users//Desktop/2.peoson.csv',encoding='gbk')
#导入数据至 pandas 的 dataframe 对象 data 中

>>>data['birth'][:10]
#查看数据‘birth’属性的前 10 项，展示数据问题
```

```
>>>data_copy = data.copy()
#备份数据对象,防止操作失误

>>>data['birth'] = data['birth'].astype(str)
>>>data['birth'] = data['birth'].apply(lambda x :x.split('x')[-1])
//处理异常值

>>>data['birth'][:10]
//验证结果

>>>data.to_csv(c:/Users//Desktop/2.person_2.csv',encoding='gbk')
//存储对象至新的 csv 文件
```

运行前后结果如图 8.8 和图 8.9 所示。

```
>>> data['birth'][:10]
0    xxxxxx196306
1    xxxxxx196306
2    xxxxxx197908
3    xxxxxx197908
4    xxxxxx197908
5    xxxxxx197908
6    xxxxxx197908
7    xxxxxx197908
8    xxxxxx197908
9    xxxxxx197908
Name: birth, dtype: object
```

图 8.8 异常数据处理前数据截取

```
>>> data['birth'][:10]
0    196306
1    196306
2    197908
3    197908
4    197908
5    197908
6    197908
7    197908
8    197908
9    197908
Name: birth, dtype: object
```

图 8.9 异常数据处理后数据截取

3) 其他问题处理

表 2 中的“carmodels”属性和“carcolor”属性存在数据值不统一的情况，如数据值“小型”，经过分析其代表数据值“小型车”。其次 carcolor 属性值存在类似问题，其中数据值“灰”代表颜色“灰色”，同时这两类数据值可以转换为字符或数字，因此这里暂不做处理，在后续处理中直接进行数据变换，以便更高效完成数据处理。

8.4.3 数据后续处理

本节主要完成数据清洗后的后续操作，根据具体业务数据特征，还需完成数据的规范化和数据的属性构造，由于数据量较大，约 6 万条数据，且显示不便，读者可通过查阅附带的数据表查看详细数据。

导入数据表中，表 1 文件名为：1. accident. csv，表 2 为：2. person. csv。本节导出数据表中，数据规范化结果为：1. accident_2. csv，属性构造结果为：2. person_2. csv。

1. 规范化

规范化主要是将部分数据值转换为更合理的形式，以方便后续处理。以表 1 为例，其中数据属性事故故障值(driver1fault 和 driver2fault)含有大量中文，可以去除，直接用数字代表故障类型即可。

其次数据属性驾驶员责任(dirver1responsibility 和 dirver2responsibility)的值也是中文，但其值只有三种可能，且是整套数据的结果，因此较为重要。为方便计算，将这三类值改用字母代替，其中值"负全部责任"改为英文字符"y"，另一个值"不负责任"改为英文字符"n"，最后一个值"负同等责任"改为英文字符"e"。规范化操作如代码 8.3 所示。

代码 8.3

```
>>>import pandas as pd
>>>data = pd. read_csv('c:/Users//Desktop/1. accident. csv',encoding='gbk')
#导入数据至 pandas 的 dataframe 对象 data 中

>>>data[['driver1fault','driver2fault','dirver1responsibility','dirver2responsibility']][:10]
#查看属性'driver1fault'中的前 10 行

>>>data_copy = data. copy()
//备份数据对象，防止操作失误

>>>data['driver1fault'] = data['driver1fault']. astype(str)
>>>data['driver1fault'] = data['driver1fault']. apply(lambda x :x. split('、')[0])
//规范'driver1fault'属性,'driver2fault'属性规范操作亦同

>>>data[['driver1responsibility','driver2responsibility']]=
data[['driver1responsibility','driver2responsibility']]. replace('负全部责任','y')

>>>data[['driver1responsibility','driver2responsibility']]=
data[['driver1responsibility',
'driver2responsibility']]. replace('不负责任','n')

>>>data[['driver1responsibility','driver2responsibility']]=
data[['driver1responsibility',
'driver2responsibility']]. replace('负同等责任','e')
//规范'driver1responsibility'属性和'driver2responsibility'属性

>>>data[['driver1fault','driver2fault','driver1responsibility','driver2responsibility']][:10]
//验证结果
```

```
>>>data.to_csv(c:/Users//Desktop/1.accident_2.csv',encoding='gbk')
//存储对象至新的 csv 文件
```

代码中除常用数据操作索引和切片外，主要用到 DataFrame 对象的 replace()方法，该方法完成值替换，其两个参数分别是被替换值和替换值。通过索引属性，并用 reolace()方法完成数据替换。

2. 属性构造

在表 2 中，存在驾驶员重考的情况，且这类数据除最后一列属性驾校的值，其余属性值都是相同的，为统计驾驶员重考次数，并清除同驾驶员出现在一张表的冗余情况，现删除驾校属性，并构造驾驶员重考次数属性，属性名用 count 代替。属性构造操作如代码 8.4 所示。

代码 8.4

```
>>>import pandas as pd
>>>data = pd.read_csv('c:/Users//Desktop/2.person.csv',encoding='gbk')

>>>data2 = data['driverinfoID']
>>>data2 = data2.value_counts()
>>>data2 = data2.sort_index()
#通过 driverinfoID 属性统计个数,并通过 index 重排统计数据得到 data2


>>>data.drop_duplicates(subset=['driverinfoID'],keep='first',inplace=True)
#清除重复行

>>>data.dropna(axis=1,how='all')
#以 driverinfo 为 axis 去除空值行

>>>data['count']=data2.values
#合并，并生成新的属性，值为 data2 中的值

>>>data.reset_index(drop = True)
#清除之前索引

>>>data.to_csv(c:/Users//Desktop/2.person_2.csv',encoding='gbk')
```

代码中 value_counts()方法是 Dataframe 对象统计行数的常用方法，而方法 sort_index()可以对 Dataframe 对象按索引值 index 大小进行重拍，从而对统计后打乱的数据顺序进行排序。因为其是按索引值排序的，在没有索引值时会生成一列新的索引值，所以用到 reset_index(drop = True)函数删除索引，其参数为 drop，参数值为布尔值，True 代表删除索引。

drop_duplicates()方法为删除重复行，其参数 subset 对应的值是列名，表示只删除"driverinfoID"的重复列，将该列对应值重复的行进行去重。默认值为 subset=None 表示考虑所有列。参数 keep='first'表示保留第一次出现的重复

行，是默认值，参数 keep 另外两个取值为 last 和 false，分别表示保留最后一次出现的重复行和去除所有重复行。inplace=True 表示直接在原来的 DataFrame 上删除重复项，而默认值 false 表示生成一个副本。

在 drop_duplicates()方法使用后 DataFrame 对象 data 的属性值将发生改变，产生一些无意义的空数据列，因此需要通过 dropna(axis=1,how='all')方法删除，dropna()的参数 axis 代表索引值为第 1 列，索引值默认起始是第 0 列，参数 how 的值"all"代表删除该列值全为空的属性列。

本章小结

本章通过截取具体的交通事故大数据处理项目片段，详细介绍 Python 在大数据处理中数据预处理的相关知识，重点包括数据清洗技术和数据清洗后的规范化和标准化等技术，并通过交管数据进行实践，完成数据清洗、数据规范化及数据属性构造等常见数据预处理技术。

课后作业

一、单项选择题

1. 以下哪一个类数据不是清洗数据。(　　)

A. 异常数据　　B. 缺失数据

C. 不一致数据　　D. 有价值的数据

2. 以下哪一个模块不是数据清洗常用的模块。(　　)

A. NumPy　　B. Django　　C. Pandas　　D. Matplotlib

3. 以下关于数据预处理说法错误的是(　　)。

A. 数据预处理的主要工作是数据清洗

B. 数据预处理就是数据清洗

C. 数据挖掘的部分方法可以应用于数据清洗

D. 统计学的部分方法可以应用于数据预处理

参考答案：1. D　2. B　3. B

二、简答题

查阅附带的数据表 1，发现 driver1infoid 属性和 driver2infoid 属性代表驾驶员的编号，其值过大且不易分析。请查阅相关资料，尝试实现对两个属性的值进行规范化处理，如值从 1 开始，顺序排列。

参考文献

[1] 张良均. Python 数据分析与挖掘实战[M]. 北京：机械工业出版社，2016
[2] Harrington P，李锐，等. 机器学习实战[M]. 北京：人民邮电出版社，2013
[3] ChunWesley J. Python 核心编程[M]. 3 版. 北京：人民邮电出版社，2016
[4] Python 基础教程[M]. 北京：人民邮电出版社，2018
[5] 戴琳. 概率论与数理统计[M]. 北京：高等教育出版社，2011
[6] Pandas documentation. [EB/OL]. http://pandas.pydata.org